国家级新工科研究与实践系列教材

储金龙　王　薇　主编

# 古建测绘实习教材

翟光逵　王　薇　翟　芸　编著

东南大学出版社 · 南京

**图书在版编目（CIP）数据**

古建测绘实习教材 / 翟光逵，王薇，翟芸编著 . —南京：东南大学出版社，2021.8

国家级新工科研究与实践系列教材 / 储金龙，王薇主编

ISBN 978-7-5641-9442-0

Ⅰ . ①古… Ⅱ . ①翟… ②王… ③翟… Ⅲ . ①古建筑 - 建筑测量 - 教材 Ⅳ . ① TU198

中国版本图书馆 CIP 数据核字（2021）第 027681 号

# 古建测绘实习教材

Gujian Cehui Shixi Jiaocai

编 著 者：翟光逵　王　薇　翟　芸
出 版 人：江建中
责任编辑：贺玮玮
责任印制：周荣虎
版式设计：郭佩佩
出版发行：东南大学出版社
社　　址：南京市四牌楼 2 号（邮编：210096）
网　　址：http://www.seupress.com
印　　刷：江阴金马印刷有限公司
开　　本：787 mm × 1092 mm　1/16
印　　张：12
字　　数：230 千字
版　　次：2021 年 8 月第 1 版
印　　次：2021 年 8 月第 1 次印刷
书　　号：ISBN 978-7-5641-9442-0
定　　价：59.00 元

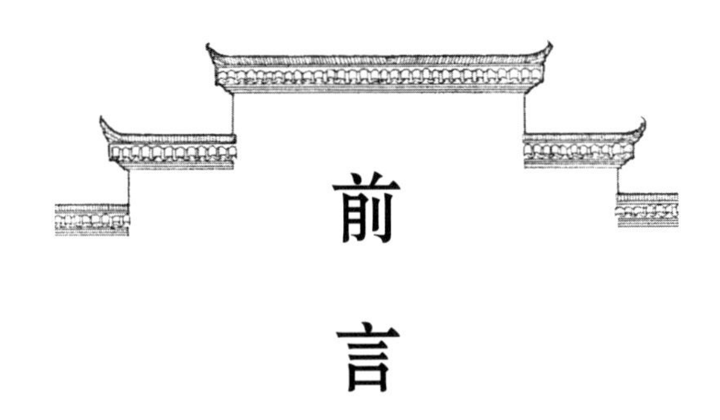

# 前言

## 向生活学习

### ——进行全面素质培养的教学方法

本教材是对建筑类相关专业学生的“古建测绘”实习教学内容和程序的总结，用图纸、照片、诗文结合的方式，说明“向生活学习”的方法和效果，引导同学们走进“向生活学习”的门槛，尤其想使同学们了解：实习教学的宗旨是为培养同学们的全面素质，并能发挥出它那不可替代的作用。

人一生中要生存，并不断成长、进步和发展，其中每一个环节的成败都取决于其全面素质的修养程度，在竞争的年代尤其如此。学生时代是成长中的关键时期，素质教育在这一时期更为重要。因此应该特别重视对学生全面素质的培养。一个人的全面素质应该包括精神品德、知识才能和身心健康三大方面。传统的建筑类工科专业教育注重强调工程思维和技术能力培养，对于地域文化等人文教育比较零散，难以全面培养学生的文化传承创新思维进而应用于工程实践的能力。

实习教学要求教师带领学生全方位地走进生活、向生活学习，是培养学生全面素质的必由之路，能使学生从中体会到生活才是各种知识取之不尽、用之不竭的源泉，即处处留心皆学问的道理；生活也是获取各种知识和能力不可替代的手段，即重在参与，重在过程；生活更是培养同学们高度的责任心、坚强的意志、团结互助、诚实守信、积极进取、精益求精、一丝不苟等优良品德的最好课堂。因此，本教材以提升学生人文素养为基础，以强化学生设计能力为路径，以地域文化传承创新为目标，为同学提供向生活学习的全过程，更好地实现课堂教学与现场体验的有机结合。

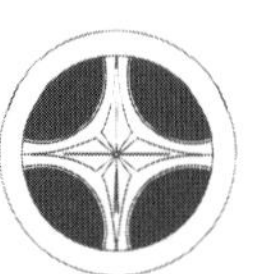

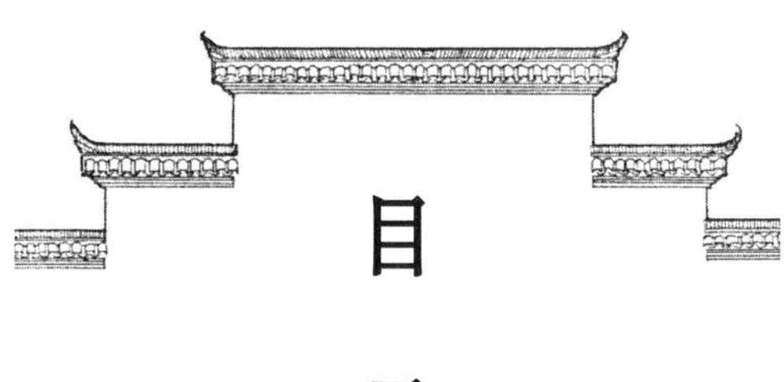

# 目录

# 壹

## 实习教学的意义

——从『古建测绘』实习谈起

“古建测绘”实习是《中国建筑史》教与学的一个不可或缺的重要环节。我国建筑学专业的老四所高校（清华大学、同济大学、东南大学、天津大学）从20世纪50年代开始，就运用“古建测绘”的方法取得了异常突出的教学成果，出版了许多专著。而日本和西方高校，从20世纪60年代开始才运用这一方法，并逐渐认识到它的不可替代性。

高校教育是同学们即将走进社会、踏上工作岗位之前，在正规院校学习的最后阶段，因此其重点更应该放在培养学生的全面素质上。具体来说，在高校学习期间，同学们应在知识（包括专业知识）、能力，以及道德品质（包括责任心和为人处世）等许多方面都应得到全面的发展，千万不能只偏重于专业知识的培养，且专业知识的培养也绝不能仅用灌输的办法。当学生离开学校以后，有独立的自学能力和进取精神，以及强烈的责任心和与人友善的良好品德，这样才能有好的发展前景。基于以上的认识，我们认为“古建测绘”实习，就是达到以上目的最好的教学方法之一。

“古建测绘”实习，在“中国建筑史”教学中的意义突出表现在以下几方面：

第一，测绘实习期间，通过实地调查、测绘以及摄影、速写等过程，同学们从最基本的数理化、文史哲，直至专业方面的基础知识，都全面地得到了一次实际的检验和锻炼。

第二，实地测绘一座古建筑，不仅使同学们对课堂上学到的古建筑知识有一个直观的认识，加深了记忆，而且还能看到许多书本上见不到的、生动巧妙的建筑实例。再通过实习论文的撰写，使同学们在规划、建筑和室内设计等方面的专业理论知识的掌握和运用上，有了更广和更深层次的认识和提高，并使他们初步学会了如何撰写专业论文。

第三，古建测绘，实际上是把古人已经建造好的优秀建筑，通过我们的测绘，以建筑图的方式还原成形象性的建筑，并加以研究、提高和总结出古人建造该建筑时的设计意图与运用手法，从而反过来学习古人是如何进行建筑设计与创作的，并将有效方法运用于新的项目设计中。这是初学者最为有效的入门与学习途径。

第四，在深入了解并巩固了书本知识的同时，学会了向生活学习，培养了同学们的自学能力，如了解环境、熟悉对象，直到掌握对象、分析对象，最后总结成论文，这是一个活生生的、系统的学习过程。它不是让同学们死记硬背现存的知识，而是要同学们在实践中，去提取和总结自己所需要的知识，从而教会了同学们获取知识的本领。并因此让同学们初步体会到“生活才是获取知识的真正源泉”。

第五，《实习报告》中的图纸、照片、文字，要反复校对，仔细修改，一丝不苟。有的同学反复测绘两三遍，直到老师和自己都满意为止。通过这一过程的学习，培养了同学们的耐心和一丝不苟的职业工作习惯，以及最可贵的敬业精神。

第六，实习期间是分组测绘，每组3~4人，最后按组递交《实习报告》，因此一定要分工合作、齐心协力。每个组员必须充分发挥出自己的长处，为完成一个共同的目标尽心竭力，从而培养了同学们团结合作、协同工作的能力，并增进了同学们的友情，增强了集体主义精神。从学生时代就认识到“三个和尚没水喝”“各人自扫门前雪，莫管他人瓦上霜”的危害性。为发扬中华民族团结奋进的精神，打下了坚实的基础。实习期间“包车集体行，食宿统一定”，不仅提高了工作效率，更重要的是培养了同学们集体主义精神中必不可少的组织纪律性。

第七，测绘实习期间，吃住都在乡村，条件一般比学校差，有时两人挤一张床，或睡地铺。白天上老房子测量，又脏又累；晚上整理测绘资料又没办公桌，光线也很暗……困难非常多。但是要完成实习任务，克服这些困难是必须的，从而有效地锻炼了同学们不怕吃苦、艰苦奋斗的工作精神和坚忍不拔的坚强意志。

第八，测绘实习期间，不但要到老百姓家，而且还要爬楼上屋；要借用老百姓的梯、凳、竹篙等；并且不是一两天，而是两周。另外，测绘点多在偏远的小村庄，旅社小而少，多数住不下几十、上百人，所以往往还要借住、借吃在老百姓家。这种为了完成实习任务，吃住和日夜与老百姓打交道近半月时间，那真是地地道道学习与陌生群众相处的大好机会，并且不通过为人处世这一关，很难顺利完成规定的实习任务。所以许多同学通过实习，都深深体会到“为人好，实是为己好”这一最简单的为人处世的道理，此后都愿自觉养成与人和睦相处、互助共赢的良好习惯。

第九，测绘实习期间，除测绘凝聚有中华文明的文物建筑外，还组织学生参观附近的一些风景名胜和文物古迹，这些过程都大大激发了同学们的爱国主义热情和文化自信，并因此树立起保护文物、建设祖国的历史责任感。有同学在《实习报告》中写道：“……带回来的也不单单是一片红枫叶，还有查济村村民那朴实无华的感情，以及中国古建筑美丽多姿的倩影和我们对古建筑保护那沉重的历史责任感。”

第十，同学们的实习成果都汇编成册，每届实习结束都举办一次成果汇报展，让全院、全校师生相互观摩、学习和欣赏。因为这是同学们通过自己辛勤劳动所取得的、看得见的教学成果，从而大大提高了同学们的学习兴趣，增强了同学们的自信心。

第十一，实习的过程，也是宣传自己的过程。师生们在实习过程中与当地群众亲密相处，以及自身一丝不苟的工作精神，都为院校树立了良好形象，提高了学校的知名度。因此，同学们也增强了自己的荣誉感、责任心和自觉性。

古建测绘实习，除以上对同学们全面素质培养的教学意义之外，还有以下几方面的社会意义：

第一，师生们的到来以及辛勤工作的精神，大大提高了村民和当地政府对本地古建文物的认识。测绘成果展使当地的人们认识到自己家乡的美，自己平时感觉十分破旧的老房子有这么好看；当地文化局、文保协会有的还索要图纸，再加上宣传，使他们认识到自己家乡古建文物的价值，唤起了他们对家乡古建文物的责任感和保护心。这对保护越来越珍稀的文物建筑，具有重要社会价值。

第二，同学们的《实习报告》图文并茂，另加实物照片，这为文物建筑的保护、修复和利用，提供了珍贵的基础性资料，更为地方传统建筑的研究提供了难得的基础性资料。

第三，大批师生的到来，也为当地的地方经济做出了看得见的贡献。“师生下榻楼谷香，百人共聚尚友堂；老街深巷寂寞久，欢声笑语一时扬。”这是1998年我院师生在泾县茂林实习期间的真实写照。半月的实习生活使原本寂静的街巷一时热闹起来。而且师生们都来自四面八方，回去以后与亲朋好友的聊天也是对寂寞古村的一种宣传。久而久之，那些名不见经传的山村，就会变成海内外游客慕名前往的旅游景点。对于西递、宏村变成了世界文化遗产，查济村、桃花潭镇变成了国家级或省级历史文化保护区，高等院校的师生在那里进行古建测绘实习有一定推动作用，也正因为如此，每次实习结束临别时，当地干群都热切地盼望师生们下次再来。

古建测绘实习之所以在中国建筑史教学中意义重大，主要是：它能使同学们直接接触真实的建筑，直接接触生活，与人民群众直接打交道，向人民群众直接学习；另外，它还使同学们运用自己的眼去看，耳去听，鼻去闻，脑去想，手脚去做，身体亲自感触，真正全身心地去感知、体验和学习。这在课堂上是很难办到的。在实习之余我曾写过一首小令：“上课在校园，口授耳听黑板前；看书本，讲书本，理论实践不见面。不见面，怎结缘？无味枯燥生困倦。实习进村院，眼看手测实物间；见生活，学生活，理解运用皆活现。皆活现，亲体验！热情干劲似涌泉。”这是对实习教学的真切体会。

在贯彻全面素质教育的教学工作中，一定要十分重视实习教学这一不可替代的重要环节，并使之科学化和规范化，形成制度；让实习教学在培养同学们的全面素质和提升古建筑的社会效益上发挥越来越大的作用，这是教师们的责任。

翟光逵

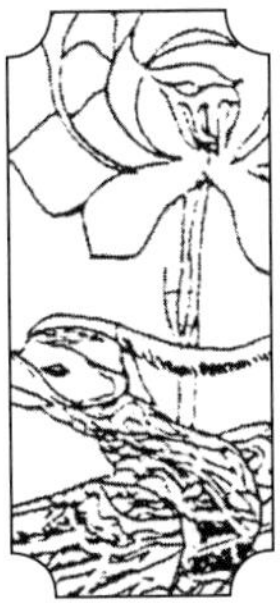

# 贰

# 实习目的、任务和方法

实习的目的、任务和方法，不仅带队老师要清楚地了解和掌握，每一位同学也都应事先熟记在心。只有这样，实习后的收获才会让同学们终身受益和难忘。

## （一）实习目的

1）实地认识中国传统建筑。

* 了解传统建筑的内容和形式，以及它们是怎样解决当时当地人民的生活需要的？

* 了解传统建筑的规划布局和设计手法。

* 了解传统建筑的用材和结构构造。

* 分析和认识传统建筑在哪些方面值得我们去学习、继承和发扬？

2）对所学知识，尤其对专业基础知识进行一次综合检验和训练。

3）进行一次艰苦奋斗、团结协作、发扬集体优势完成共同任务的实际锻炼。

4）进行一次与群众实地打交道的锻炼，培养同学们与陌生人相处的能力。

5）培养同学们在实际生活中摄取和总结自己所需要的知识的能力，从而教会同学们自学的本领。

## （二）实习任务

1）实地调查访问一座传统建筑，包括访问当地群众、查资料、抄碑记等。

2）实地分组测绘一座传统建筑。按 3~4 人一组，自选组长。每组测绘一座祠堂或一户民居（事先准备好激光测距仪、皮尺、钢卷尺、指南针、双色笔、计算纸、速写本、图板、丁字尺、三角板等）。

3）每组完成一份《实习报告》，包括论文、图纸、照片和速写四部分，并打印装订成册。要有封面和目录，封面要设计，内容包括标题（测绘物名称）、班级、姓名和指导教师。

**论文部分：**

论文是从专业的角度，详细撰写测绘对象的现状与历史以及自己的心得体会，包括：

* 建筑物的名称、用途、历史沿革，有关文献及碑记。

* 建筑物的地理位置、朝向及其结合地形和周围环境的情况。

* 建筑物的空间组成、装修特点及其规划设计手法。

* 本组成员的收获体会和心得感想。

**图纸部分：**

* 总平面图：标出方位、地形地貌、道路和邻近建筑等与本建筑的关系。所测建筑用屋顶平面表示。

* 平面图：包括各层的俯视平面图和仰视平面图，要注清各部分的功能、铺地材料、轴

线尺寸和总尺寸。

* 立面图：包括建筑物外部的立面图和天井院子里的各个剖立面图。

* 剖面图：既要表示高度，又要体现结构构造，要选最能体现问题的地方进行剖切，如在天井或院落内剖切，向前后左右四个方向看，一个剖面图不够，就画 3~5 个剖面图，以表达完整为准。

* 大样图：画有特色的大样图，如梁架、斗拱、门窗、柱础、砖檐、马头墙、家具、陈设和三雕等。

* 平面图、立面图、剖面图都要从整体空间概念去画，千万不要局限于局部小空间。

* 图要画三遍：

草图——现场量、现场画，记清、记全原始数据和形式式样，可在计算纸上画，不一定按比例绘制；

定稿图——一定要在实习地现场画好，尺寸比例要精确，平、立、剖相对应，用铅笔画，便于现场校对修改；

正图——回校绘画、上墨线，墨线要粗细分明，投影准确，画上指北针和比例尺。

**照片部分：**

贴在 3 号图纸上，并在照片下面写出简要的照片说明。照片包括：

* 室外全景：反映建筑物全貌和环境。

* 室内外各个立面照片：便于画图时参考。

* 内部空间照：有特色的生活空间，如入口、天井、院子、厅堂、房间、厨房、厕所等。

* 局部构造：梁架、天棚、檐口、墙身、门窗、铺地、柱础、家具等。

* 实习工作照：调查、访问、参观、测量、整理、磋商、协作以及乡情村景等。

**速写部分：**每人至少一张速写图，多多益善。

## （三）实习方法

### 1. 实习程序

实习教学与其他教学一样，一定要科学、有序、规范地进行，才能保证教学质量。实习应按以下程序进行：

精心安排 ⟶ 集体行动 ⟶ 组织介绍 ⟶ 领队进场 ⟶ 联系群众 ⟶ 调查访问 ⟶ 考察研究 ⟶ 仔细测量 ⟶ 及时整理 ⟶ 现场校对 ⟶ 参观游览 ⟶ 合影留念 ⟶ 交流成果 ⟶ 总结经验。

1）**精心安排：**选择古建较多、保存比较完好、文化历史悠久的村落作为测绘实习地。老师提前一周去实习地，与当地政府、村委会、派出所等单位联系好测绘点、吃住以及安全等问题，并联系好熟悉当地情况的同志，介绍当地人文、历史和地理、古建等情况。学生事先按一组 3~4 人进行分组，自选组长，由学生干部负责联系包车。预先精心安排好以上问题是保证实习能顺利进行的首要前提，也是一次培养同学们组织能力的机会。

2）**集体行动：**实习期间“包车集体行，食宿统一定”，不仅是为了提高了工作效率，更重要的是为了培养同学们的组织纪律性。

3）**组织介绍：**刚到测绘地，同学们既陌生又新奇；老师组织同学们仔细听取当地熟悉情况的同志做的介绍，让实习行动有更明确的目标和方向。

4）**领队进场：**听完介绍，同学们由组长领队跟着老师预约好的当地干部，进入各自的测绘点。老师把户主与学生组长互相介绍后，各组即在组长的带领下有计划地开始测绘工作。

5）**联系群众：**实习期间吃住在农村，调查、测量都在老百姓家。为完成实习任务，首先解决的问题就是如何和当地群众处好关系，更重要的是如何与户主处好关系，这是完成实习任务的先决条件。同学们一定要牢记这一点，并贯彻到自己的行动中去。

6）**调查访问：**调查访问的深浅，关系到实习效果的好坏。明确了这一点，同学们才能调动自己的主动性和积极性，开始进行第一阶段的工作——深入调查访问，并做好记录。

7）**考察研究：**现场调查访问的同时，还要进一步开展深入的考察和研究，互相探讨，以便充实自己的感受和体会。做到了这一点，实习报告就有内容可写了。

8）**仔细测量：**对建筑的实物测量是“古建测绘”实习最重要的环节。同学们要认真按照实习大纲的要求，按质按量地进行测绘工作。做到尺寸准、数据全。测绘图是《实习报告》中最重要的内容，同时又是写实习论文的依据和出发点。

9）**及时整理：**抓紧每天晚上的时间，认真整理资料和草图，便于及时发现错误又能在现场进行校对和纠正。

10）**现场校对：**晚上整理好的图，第二天一定要到现场再次校对，力求精确无误，这是培养良好职业习惯的重要组成部分。

11）**参观游览：**每次实习最后两天，老师安排学生参观附近的风景名胜和文物古迹，在放松精神的同时，让同学们领略祖国的大好河山，以激励同学们的民族自豪感、文化自信心和爱国热情。

12）**合影留念：**对同学来说，实习经历就这一次，机会难得，临结束前合影留念，让同学们留下美好的回忆。

13）**交流成果：**同学们的《实习报告》交上来以后，及时组织同学们举办“实习成果展”。通过展览，为自己和全校师生搭起一个交流和切磋的平台，同时也便于大家共同分享实习丰收后的喜悦。

14）**总结经验**：在举办展览的同时，教师对每次实习都要做一次小结，讲评一下这次实习的收获与不足之处，并提醒同学们测绘工作是迈进向生活学习的第一步，掌握了这个方法，今后自己就能独立地去运用、寻觅和摄取自己所需要的任何知识与技能。

## 2. 实习纪律

为使实习教学能顺利进行，要有必需的纪律作保证，同时纪律要清晰明了，严格遵守。在实习期间同学们要遵守以下纪律：要集体、准时行动；处理好群众关系；不准酗酒吸烟；按时作息；有事向教师请假；每晚组长向教师汇报当日情况和次日的工作安排。

# 实习历程——向生活学习的全过程

生活课堂，纷繁异样。
酸甜苦辣，尽情饱尝。
苦后甘来，其味难忘。

### 1）精心安排实习地点——安徽泾县

精心选择测绘地和预先安排好各组的测绘点以及同学们的吃住行等问题是保证实习能顺利进行的首要任务。

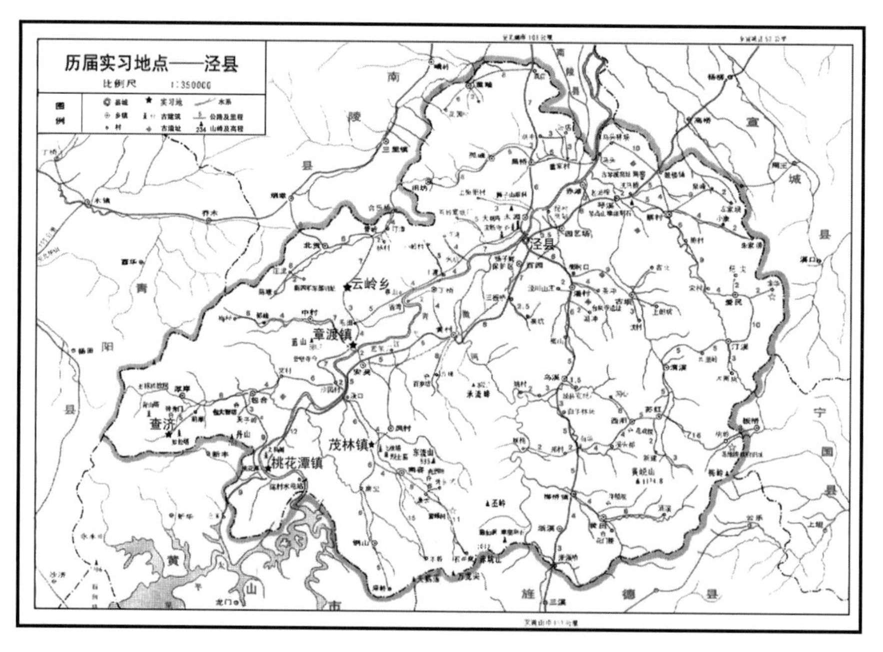


历届实习地点——泾县

**泾川颂**

泾县的山水——青绿秀美，居中九黄，更有桃花潭水，令人心旷神怡。

泾县的历史——悠久辉煌，它是国宝宣纸的故乡，又是安徽省诞生院士最多的地方。

泾县的村镇——依山临水，素衣淡妆，那图画般的家居环境总令人神往、产生遐想。

泾县的古建——木构粉墙，花窗雕梁，那是多代匠人智慧所凝聚的地方。

泾县的民居——巷深厅敞，冬暖夏凉，百姓都说家有天然的空调箱。

要寻找研究皖南传统建筑的地方？

泾县——一处未被前人打开的殿堂！

（注：“居中九黄”指泾县位于九华山与黄山之间。）

### 2）包车集体行

通往皖南山区小乡镇的路崎岖不平，有时一边是高山峻岭，一边是万丈深渊。遇到沟坎，还得全体下车，推车才能前进。

师生们再去推第二辆车的情景

集体食宿：吃得快，睡得香，起得早

### 3）组织介绍

刚到测绘地，陌生又新奇；细心听介绍，行动有目标。

同学们在云岭听新四军军部纪念馆的同志做介绍

同学们在茂林听镇长做介绍

同学们在查济听董毓琦先生做介绍

### 4）联系群众

在老师的一再提醒下，多数独生子女出身的同学们终于明白了十分重要的一点：与当地群众处好关系不仅是完成实习任务的先决条件，更是培养自己优良品德的一个难得的机会。基地的建立，为长期进行实习教学打下了牢固的基础。

帮乡亲晒稻

师生们与地方领导和乡亲共同为实习基地查济挂牌

### 5）领队进场

听完介绍后，同学们由组长领队跟着老师预约好的当地干部，满怀期待地奔向自己的测绘点。

同学们前往测绘点

村主任带同学走村串巷去认识测绘点

文保会长带同学去认识测绘点，边走边介绍

### 6）调查访问

调查访问的深浅，关系到实习效果的好坏。明确了这一点，同学们开始进行第一阶段的工作——深入调查访问。

老师带同学们到阁楼上看木构架的做法

同学们在细听户主老太回顾住房的历史

### 7）考察研究

现场调查访问的同时，师生们进一步开展深入的考察和研究。传统建筑的辉煌，激起了同学们的民族自豪感，惊心动魄的现场，勾起了同学们保护古建的社会责任心。

实习期间，茂林绿野堂前厅倒塌现场

茂林绿野堂幸存的古匾

同学们一边看，一边讨论

绘画美人靠

8）仔细测量

实物测量是“古建测绘”实习最重要的环节。同学们都怀着比超的心理，既抓紧又认真，按照“实习任务”的要求，按质按量不折不扣地进行测绘。

合作测绘

认真记录数据

测量檐高

测量柱础

测量柱间距

测量月梁、雀替

细心拓印精美的墙裙石雕

测量石雕栏杆

**9）及时整理**

抓紧晚上的时间，认真整理测绘资料，发现错误后能及时在现场校对、纠正。这种生活正如同学们所说：“用一句话来形容那就是‘痛，并快乐着’。”

晚上认真整理资料

一边整理资料，一边讨论研究

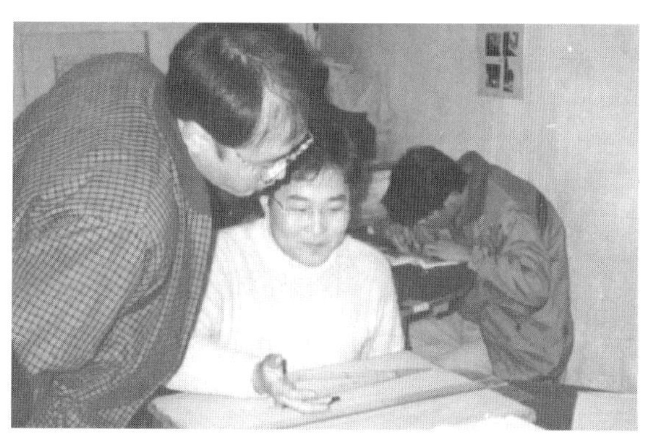

老师随时检查辅导

### 10）现场校对

现场再次校对，力求精确无误。

再次对照建筑核对数据

### 11）参观游览

参观风景名胜，提升民族自信心；游览大好河山，增强爱国热情。

同学们在桃花潭镇被一户门头砖雕吸引

参观无产阶级革命家王稼祥故居

师生们在云岭新村发现一户石雕漏窗

参观查济石门宋代石刻

游览查济菥荻飞瀑

同学们在云岭新四军纪念馆听介绍

参观皖南事变烈士陵园

**12）合影留念**

实习经历，终身难忘；临别合影，留念珍藏。

师生乡亲合影留念

师生合影

同学们在云岭叶挺雕像前留影

以查济如松塔为背景留影

在厚岸乡观阳村长滩河桥上留影

**13）交流成果**

成果，是劳动的结晶。展览，创造了交流的机会。成果展成了师生们分享喜悦和研究切磋的课堂。

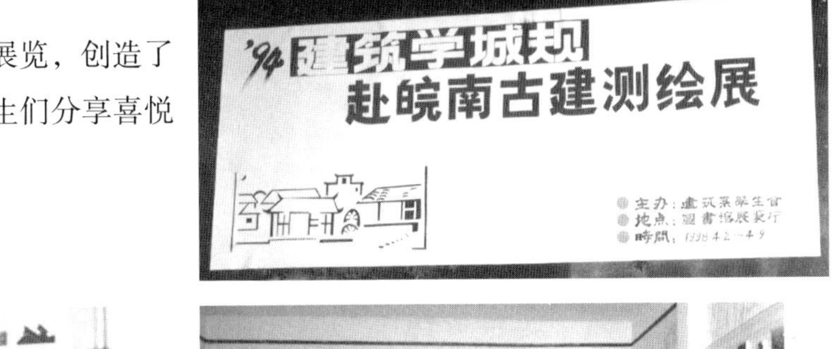

校领导和老师在看成果展

师生们在校内看自己的成果展

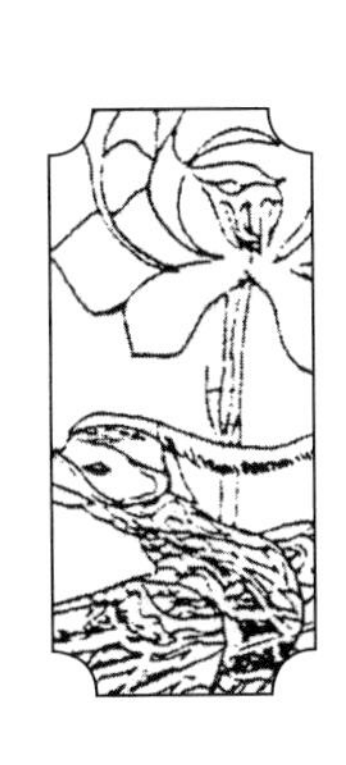

# 叁

# 《实习报告》范例

范例是学习的榜样，从中可以学到许多长处；范例也不可能尽善尽美，其不足之处应引以为戒。取其长，补其短，是我们应该遵循的原则。另外，学习一定要有激情和自信，即：“别人能做到的，我们同样能做到；别人做不到的，我们也要争取去做到！”

《实习报告》是同学们辛勤劳动的成果。有几分耕耘，就有几分收获。成果是对劳动的报答，成果又是对付出的衡量。

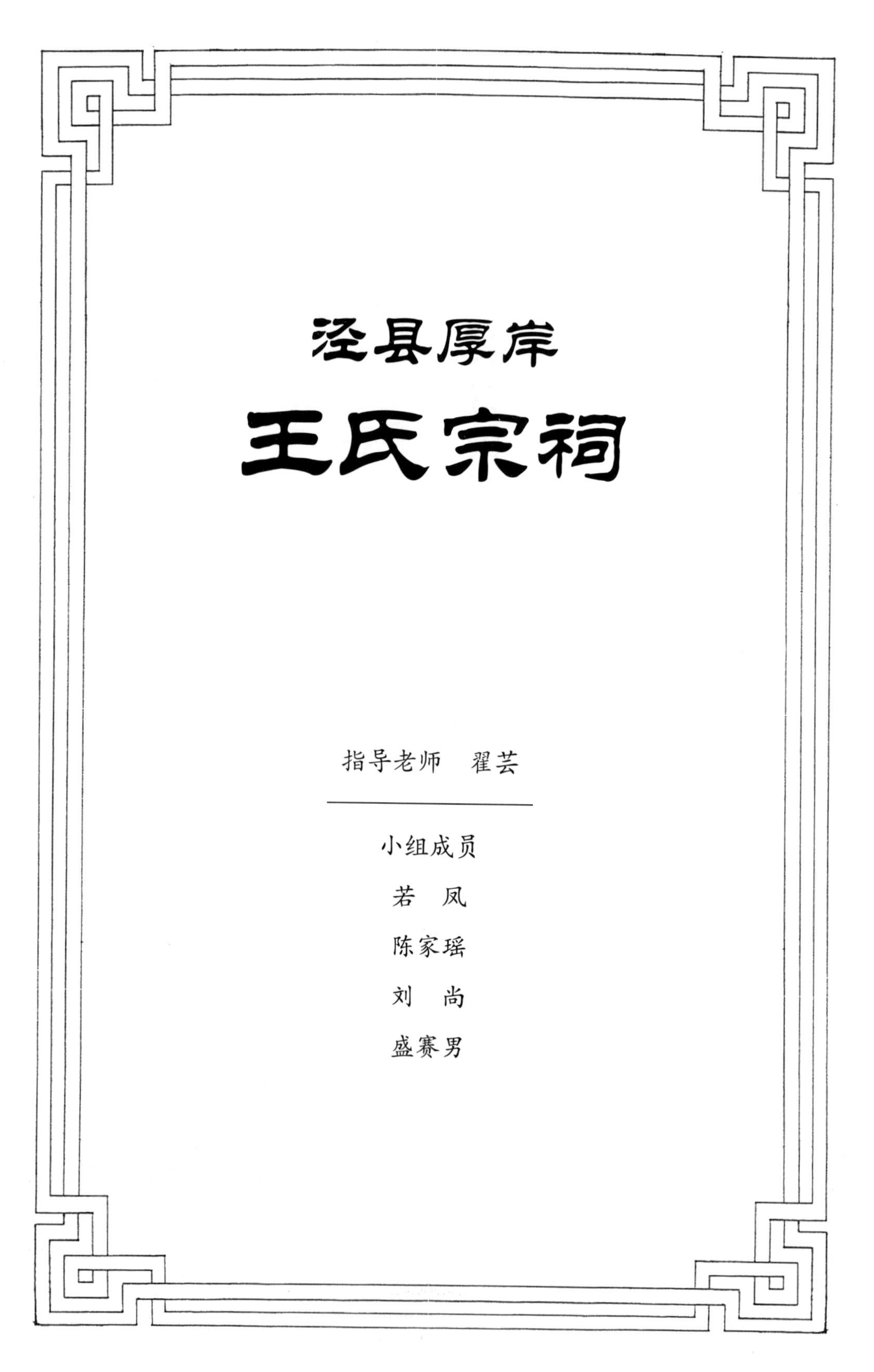

# 泾县厚岸
# 王氏宗祠

指导老师　翟芸

小组成员

若　凤

陈家瑶

刘　尚

盛赛男

# 王氏宗祠

## 目 录

# 序 言

当您跨上厚岸聚星桥，即将步入到王氏宗祠的广场时，在聚星桥最高处环视，就能看到被青山环抱、柳溪河围绕着厚岸大大小小、高低错落的古建筑群。厚岸老街远近闻名，厚岸王氏迁居千余年来，随着人丁兴旺和商业繁盛，到明清时期已形成有一公里长的主街道。

厚岸老街现存民居、作坊、商铺等单体建筑物 203 座，建筑面积约 34 000 $m^2$，其中明代单体建筑 47 处，建筑面积 9 499 $m^2$，其数量和面积均居泾县之首。街道屋宇多为王姓所建，老街所在地原为厚岸乡政府驻地。

厚岸王氏宗祠是一座建于清早期的大宗祠，2013 年被国务院公布为全国重点文物保护单位，至今约有 300 余年历史。它依山临水而建，坐北朝南，外观气势宏伟，内饰富丽堂皇。整个建筑为三进五开间，面积达 1 100 $m^2$，因毁坏于民国年间而重修，是泾县现存规模较大的宗祠之一。

王氏宗祠是王氏家族进行宗法统治、维护封建礼教的重要基地，亦是伟大的无产阶级革命家王稼祥同志的祖祠。

# 有序空间的构成与解析

**摘要：**建筑空间构成作为平面功能组织的延伸和概括，体现着建筑意匠中的基本元素。本文从基本构成、单体建筑、群体建筑、典型形制、组织安排等方面进行论述，对于观念形态、社会文化、自然环境、历史演变等因素进行考量，探讨中国古建筑意匠中空间构成的基本规律和方法。

**关键词：**建筑；空间构成；历史；祠堂；文化

空，是由间划分出的内部范围，通过运用室内一些媒体或载体来进行空间划分切割出空的范围。间，就是墙体、柱廊、门窗屋顶等构件形式，以这种构件形式划分出人们所需要的内部围合空间。21 世纪的设计思潮风暴席卷大地，建筑行业的蒸蒸日上，对空间合理运用的要求也越来越高，这就要求我们不断探究问题的本质和寻求解决问题的方法。

纵观历史，人类对空间的改造在不断变化。远古时期的穴居人类，虽然证据显示他们有较高的创造力，但其只是利用而非改造。到了公元前 2500 年，才开始出现了真正意义的建筑，如美索不达米亚人和埃及人的金字塔，但这些只是服从于外部的建造。我们把这称为第一空间概念阶段（有外无内）。公元 118 年，古罗马万神庙出现专门塑造的室内空间，技术和观念的困境使外部形式与内部空间的分离又持续了 2000 年。这可以称为第二个空间概念阶段（内外分离）。1929 年，密斯・凡・德・罗的巴塞罗那国际博览会德国馆，使千年来内外空间的分割被一笔勾销。空间从紧身衣一般的封闭墙体中解放出来，“流动空间”开始出现。这称为第三个空间概念阶段。

通过这次测绘任务的完成，我们发现古建筑和现代的一些建筑在框架结构上有些相似之处，尤其是在空间分割这一点上。我们都知道中国古代木结构建筑有一个很大的特点就是“墙倒屋不塌”，因为中国传统建筑在结构上是以“柱”为主要承重的，而墙就从承重的要素中分离出来，用作围护和分割房间，因此房间依靠空间的灵活分割来让室内布局被自由安排。

在我国古建筑中，分割室内空间的方式有两大类：一类是完全分割，即在柱子之间砌薄墙或镶板；另一类是半分隔，即在相邻空间之间设置隔扇、屏风、博古架等其他陈设来分隔，形成空间若断若续、若分若合、若开若闭的层次，使相邻空间之间既相互沟通又彼此隔离，成为一个相互渗透的有机体。而现代的一些建筑因为钢筋混凝土的运用使得柱的抵抗能力得以提高，柱和墙之间不必通过相互依存而承重，框架结构的采用也使得墙和柱不必放在一起，负责承重的柱子能放置在建筑的内部，非承重的立面起到空间的分隔作用，并可用各种方式表现。

因此，中国古建筑和新建筑在空间分隔这一点上是有着相似和某种联系的，我们更惊叹古代建筑在结构、空间分隔上的一些巧思。本文从基本构成、单体建筑、群体建筑、典型形制、组织安排等方面，对本次测绘实体王氏宗祠进行以下梳理与论述。

### 1. 概述

古老中国历史悠久，华夏文明源远流长，作为文化高度集中的代表——建筑，其在历史及文化中所占的地位皆不可小觑。文化与建筑相互作用和相互影响，造就了中国灿烂多姿的文明史。建筑靠营造，营造需构思，构思即设计，设计难免与文化挂钩。意匠，即建筑设计的构思。古代中国社会中，尤其是在漫长的封建社会中，社会文化意识决定并影响着古建筑的设计结果。在此，就以中国古建筑的空间序列构成为例，探讨二者的相互作用以及由此而来的设计过程。

### 2. 基本构成

扩大建筑单位的规模有两种方式：体量的扩大或者数量的增加。中国古典建筑主要是通过数量的增加来达到扩大平面规模的目的，因而形成其特有的设计意念。从厚岸村整体布局来说（指最初的布局），古人通过聚星桥后直达通德门，通德门的一侧又有东台书院，通过通德门后就到了村中的中心广场，村中最大的宗祠也坐落在旁。在中国古代天人合一的宇宙观中，将天视为上天的秩序，以求合法与永恒，而若想与天呼应，通天接地，则平面空间之构成就不能不用分散的方式表现，甚至连州郡都依据在国中位置寻求天上星宿为其对应物。在平面组织上，中国建筑很少讲单座建筑合并和集中，始终保持着独立和分散的布局形式。

与西方相比，为取得相等的建筑体积，中国为“数”的积累，西方为“量”的集结。东方物我一体的自然观将自然看作包含自身的物我一体的概念，“虽为人作，宛若天开”成了中国人工环境以及建筑意境的追求。

此外，中国古人赋予环境阴阳有序的准则，认定了方位的主从性，对环境构成要素加以主次区分，反映了建筑为礼制服务的特点。东青龙、西白虎、南朱雀、北玄武，方位的属性极大地影响了建筑平面序列的分布。山阴水阳，南阳北阴，高阳低阴，建筑群在被布置时顺应了背山面水的需求。厚岸村坐落在乌台山脚，前方一条小河流横穿而过，背山面水的理想地理位置得益于古人对居住环境空间位置的考量。

社会心理结构不断变化，影响着人群的活动与行为。自给自足的生活方式造就了内向型的社会心理，而这种心理又促进了防御性内向空间的构成。

建筑离不开环境。生存的本能驱使人类趋利避害，在建筑平面选址上表现得尤为突出，近水利而避水患，防卫性好，小气候好，交通通畅，理想景观，表现了古人在构筑建筑时重整体、重关系、重气候、重视社会心理影响的特色。而当环境不尽符合理想模式时，常通过人工调整与改善环境，如水道改造、引水工程、人工造景、方位调整等，这来源于古人在认识自然规律、适应自然环境的同时，拥有调整与改造自然环境的能力。

上述中的观念形态、文化心理贯穿古代中国的建筑历史，影响着建筑空间排序的各个方面。

1）单体建筑

单体建筑的平面主要是一种完全根据结构要求而来的形式，并没有因为使用功能的要求而成为一个复杂的组织，以柱网为基本形式，既有规矩的“间”“架”，又有构造上的变化。模数制的创造，直接为礼制要求的等级制度服务，同时又为设计者和施工者保留了充分的灵活性。这其中包含着中国传统建筑材料的特征以及传统文化的影响，线状的木结构和“两仪生四象”“天圆地方”的中国文化观念，使得木结构在多数重大建筑中呈现一种简单矩形状，并通过轴线均衡对称关系组成院落的几何秩序。

2）群体建筑

围绕一个中心轴线组织建筑群是一种很早就存在的布局方式，中国传统建筑从开始到终结基本上都受这种意念所支配。在大型的建筑群中，串联起来的院组成路，由有层次的路构成整体的群。

受阴阳观影响，中国传统建筑群不仅关注形式，尤其关注内涵。“左祖右社”，即一种文化上的次序在建筑中的体现。在中国传统建筑格局中，均衡对称不是纯形式的，而是相关矛盾的对称。同构关系与自然秩序表现在园林规划中。互反关系、互否关系、互含关系三者无意中与《易经》思想的太极图暗合，这种文化的深层次反映不约而同地揭示了中华文化中部分深层的本质。这既是一种自然秩序，又是一种均衡对称秩序，反映了中国有机的自然观。

### 3. 典型形制

1）方位

“主座朝南，左右对称”是中国传统的主要建筑平面构图准则，它基本符合中国人的使用需要，与中国在北半球温带的居住需求相适应。因此，该准则在两三千年间被一直坚持下来。面南称尊不仅是称帝的代名词，也使南向成为方位序列中最为重要的方向。

2）对称

中国建筑的组合方式遵守均衡对称的原则，主要的建筑在轴线上，次要的建筑分列两厢，形成不同的庭院。王氏宗祠的复原图中就能发现在庭院的两侧分别有东序、西序两边房间，整体前后按照中心轴对称分布。

强调中轴的思想来自浓厚的民族意念，它反映着社会意识和技术组织的统一。在城市中从单座建筑到总体规划之间一直都保持着一种严密的组织关系，即使城市规划方式有了改变，这种关系仍然持续地存在。

3）轴线

封建社会“居中为尊”的礼制观念促使轴线作用不断加强，从而轴线上的空间序列变化也极为丰富，并运用于建筑的远近和空间大小尺寸的设计。

4）主次

设计素材之间的宾、主关系因涉及意图的不同而相异，不同的关系产生不同的主题、性格和效果。

### 4. 组织安排

规划整齐、左右对称虽然是平面布局的正规形式，但也同时产生不少因地制宜的、灵活自由的构图。中国建筑创造了两种不同的人工环境：一种是表现得极为理性的、完全由人工构成的作品；另一种就是即使由人工建设却仍然以天然的景象而出现的构图。

在一些人看来中国传统建筑南向为尊、中规中矩的对称原则显得生硬死板，限制了中国建筑的发展，若立足于维持中国意匠运行的实践理性精神之机制而言，重道轻器使得中国建筑创造者一直处于工匠阶层，而其获得建筑技艺的方式只能依靠因循祖制，以及在实践中发挥创造力，始终沿袭着量变的轨迹前进，因而也很难出现类似西方建筑史般跌宕起伏的建筑史，这一方面说明了中华文明生命力之长久不息，以及其在东方大地上极强的适应性；另一方面确实成为了中国建筑在开拓创新方面的桎梏。不能否认的是，这贯穿中国建筑发展史的实践理性精神的确很好地解决了中国大地上建筑存在的诸多矛盾，空间层次、硕大屋顶等既是特色也是束缚，当它们具有独特性的同时也困顿于自身的局限性，古代匠人运用巧妙的建筑技艺，构建模数制体系而变通、突破，显示了中国建筑文化在总体上立足于实践理性精神。

### 5. 思考总结

中国建筑史同华夏文明一样博大精深，意匠作为人的主观能动性在行为上的创造行动浓缩了社会的发展史和文明的构建史，当我们触摸优秀的古建筑时，就是在触摸古人的智慧，熠熠生辉，令人震撼。

在当今全球化的大浪潮之中，如何保留并发扬民族特色已经成为一个不可回避的问题。思考中国建筑意匠，借鉴其精华，去除其糟粕，发展并创新，中国建筑才能在世界建筑之林中拥有一席之位。

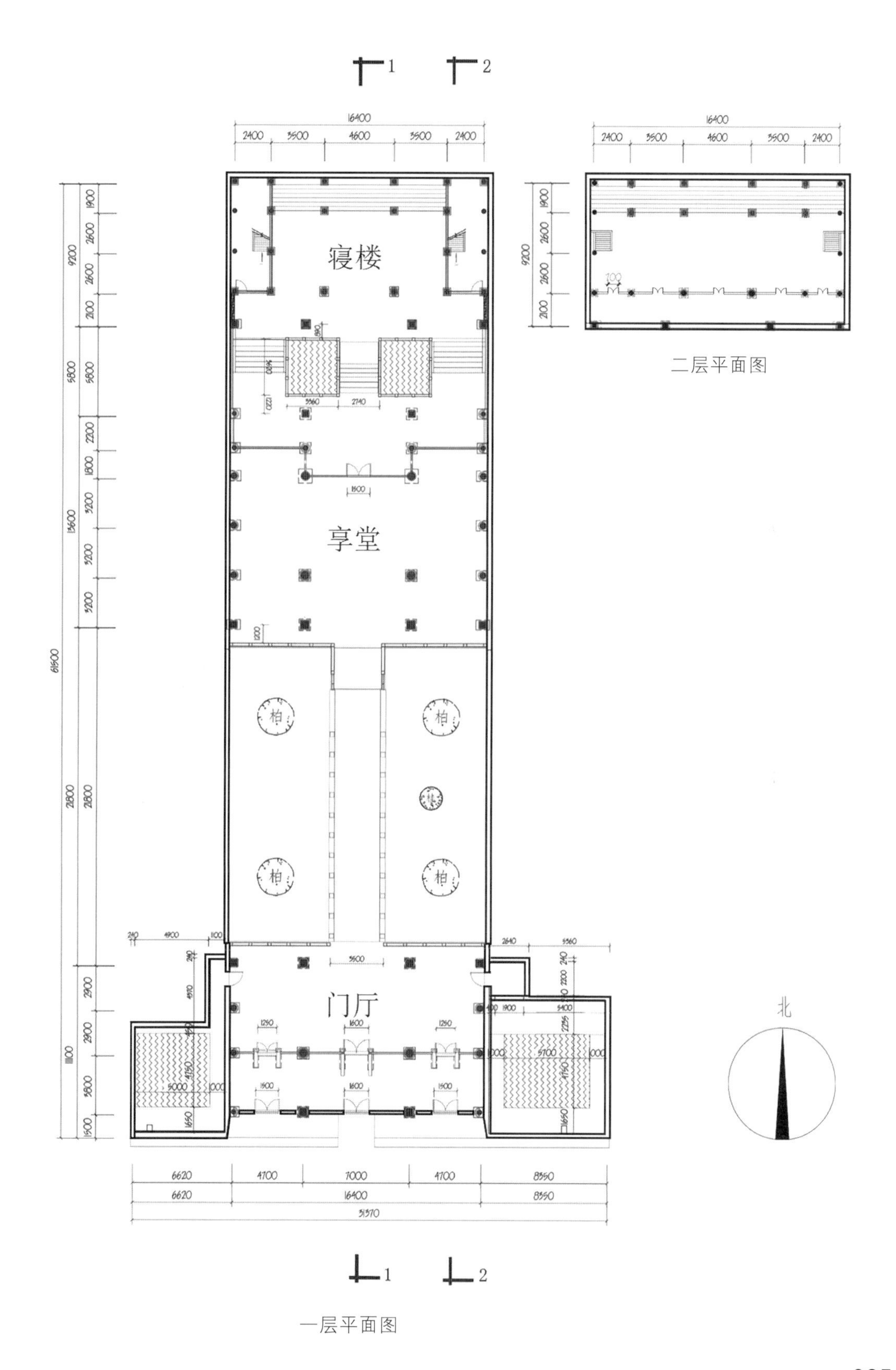
寝楼
享堂
门厅
柏
柏
柏
柏
北
16400
2400
3500
4600
3500
2400
61500
51370
6620
4700
7000
4700
8550
16400

二层平面图

一层平面图

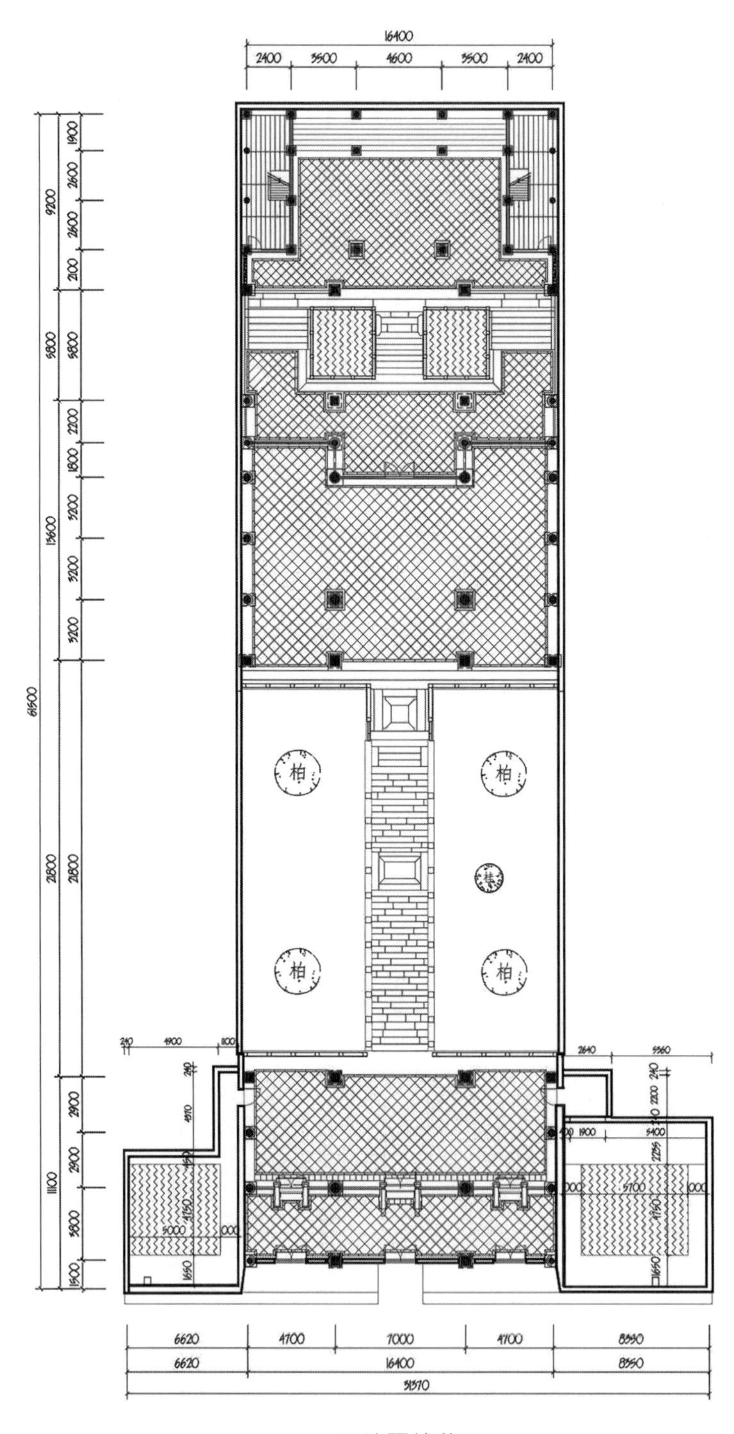
16400
2400
3500
4600
3500
2400
柏
柏
柏
柏
6620
4700
7000
4700
8550
6620
16400
8550
31570

一层地面铺装图

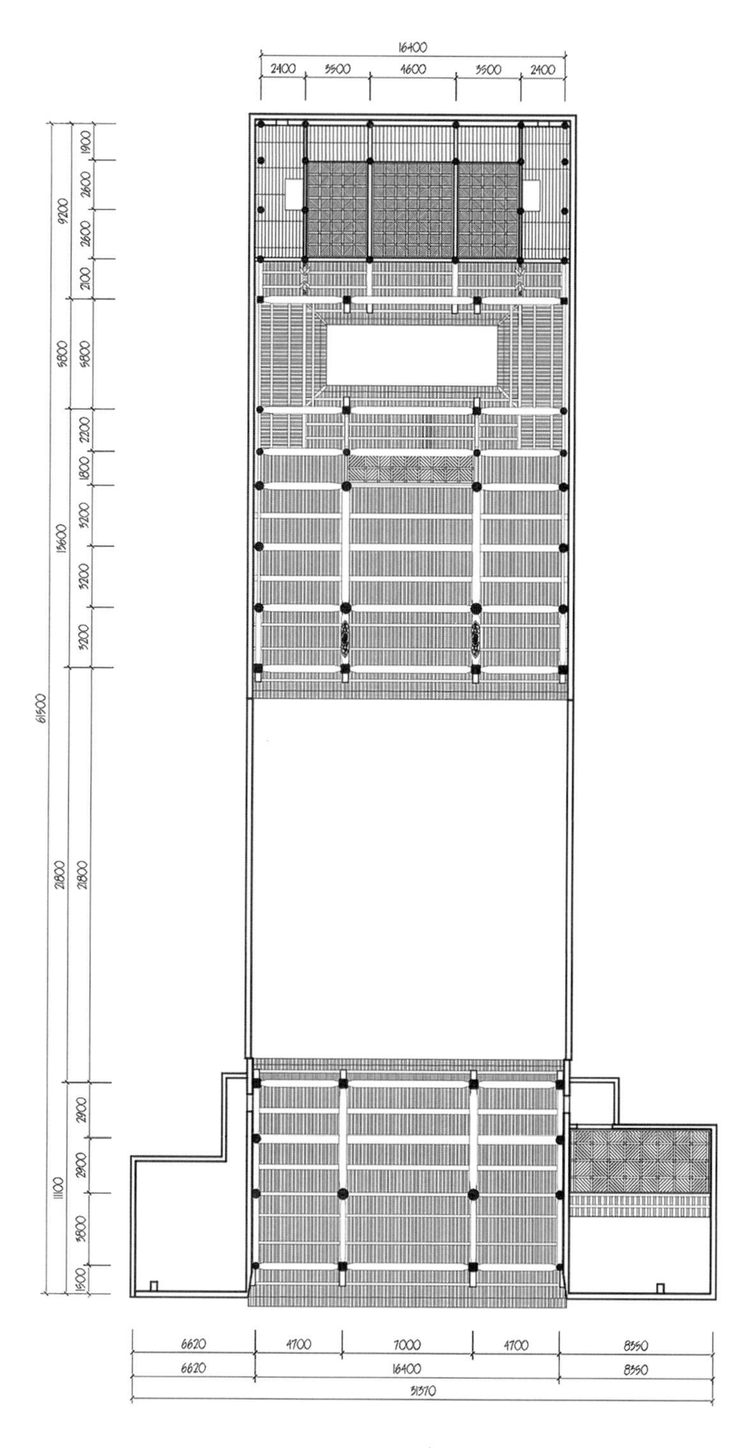
16400
2400
3500
4600
3500
2400
1900
2600
2600
2100
9200
5800
5800
2200
1800
3200
3200
3200
15600
61500
21800
21800
2900
2900
3800
1600
11100
6620
4700
7000
4700
8550
6620
16400
8550
31370

一层顶棚图

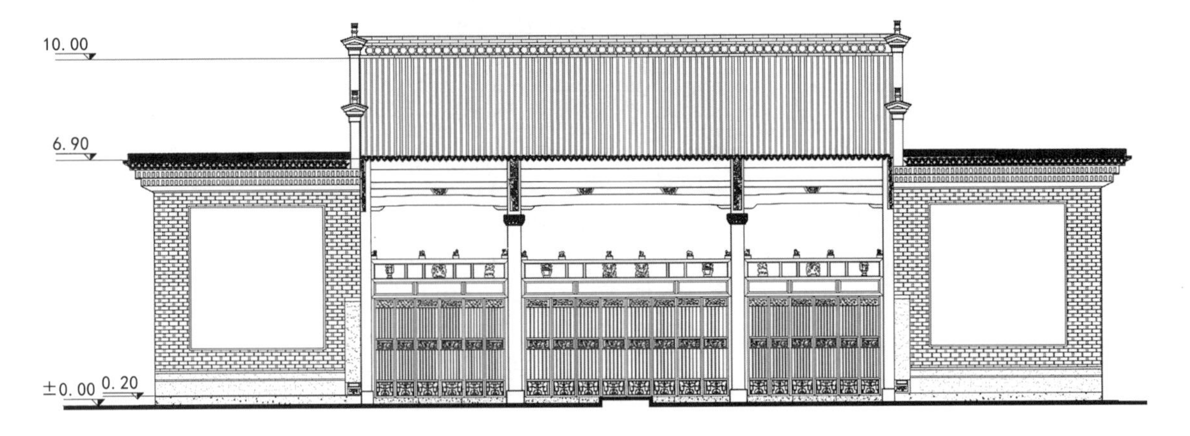


门厅正立面图

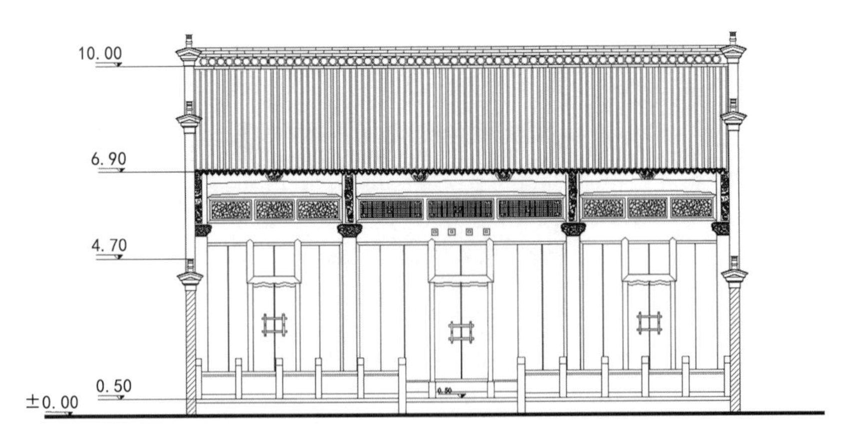


门厅背剖立面图

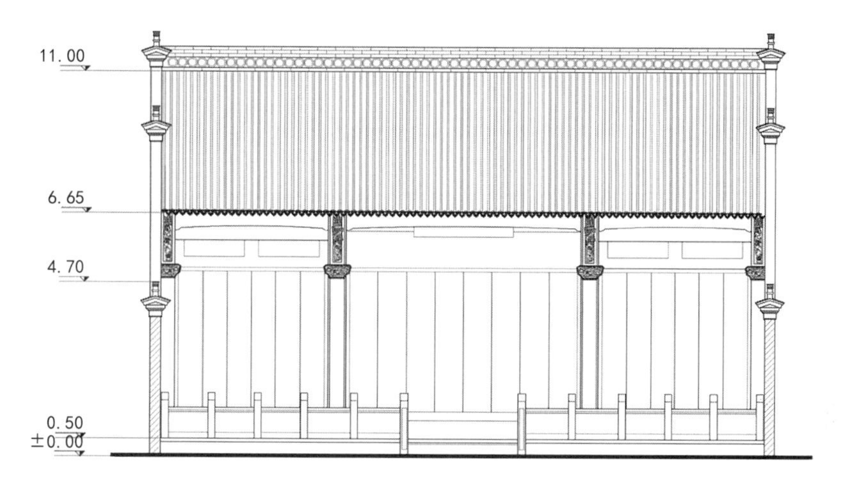


享堂正剖立面图

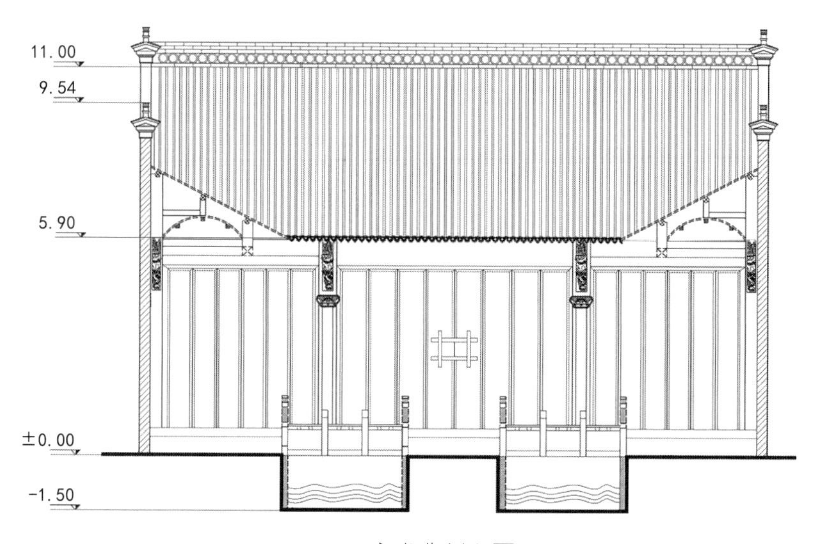


享堂背剖立面图

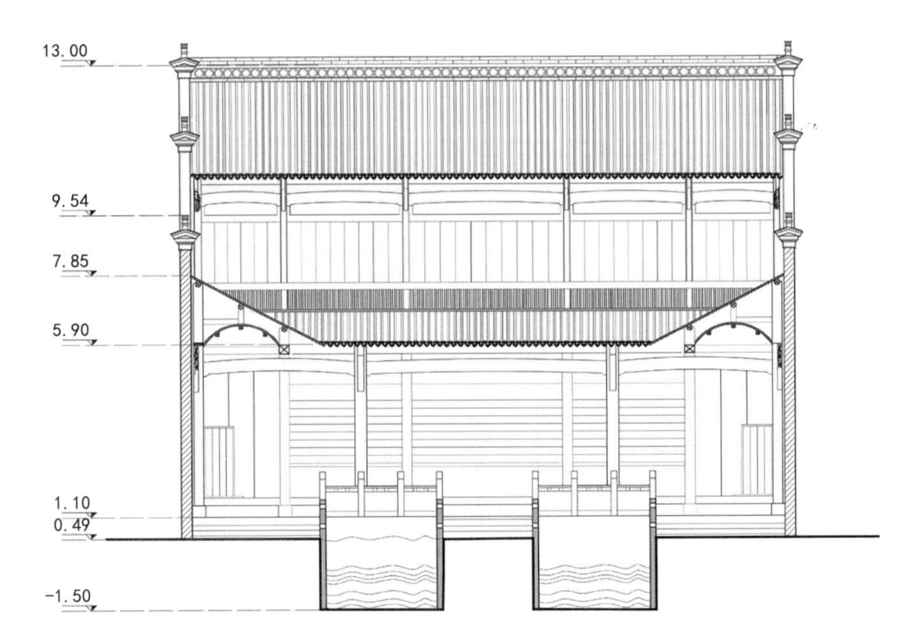


寝楼正剖立面图

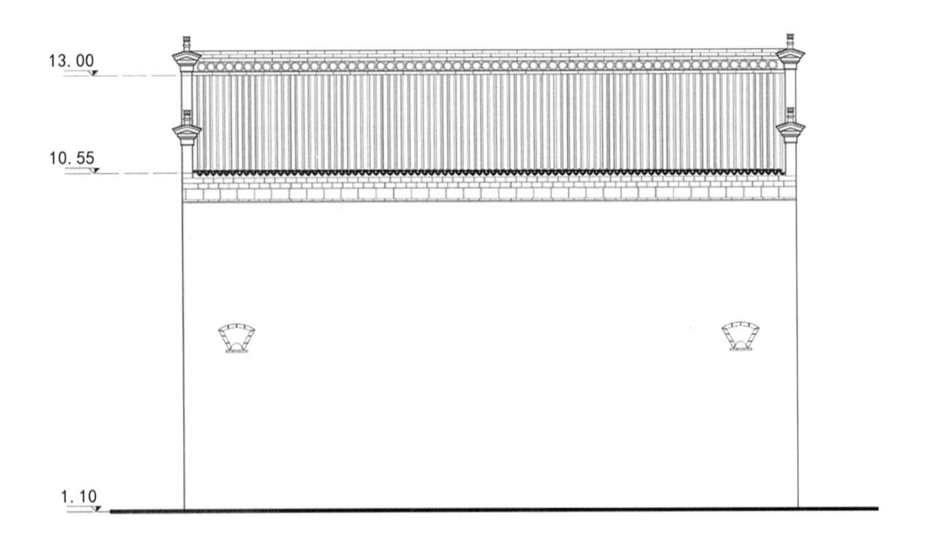


寝楼背立面图

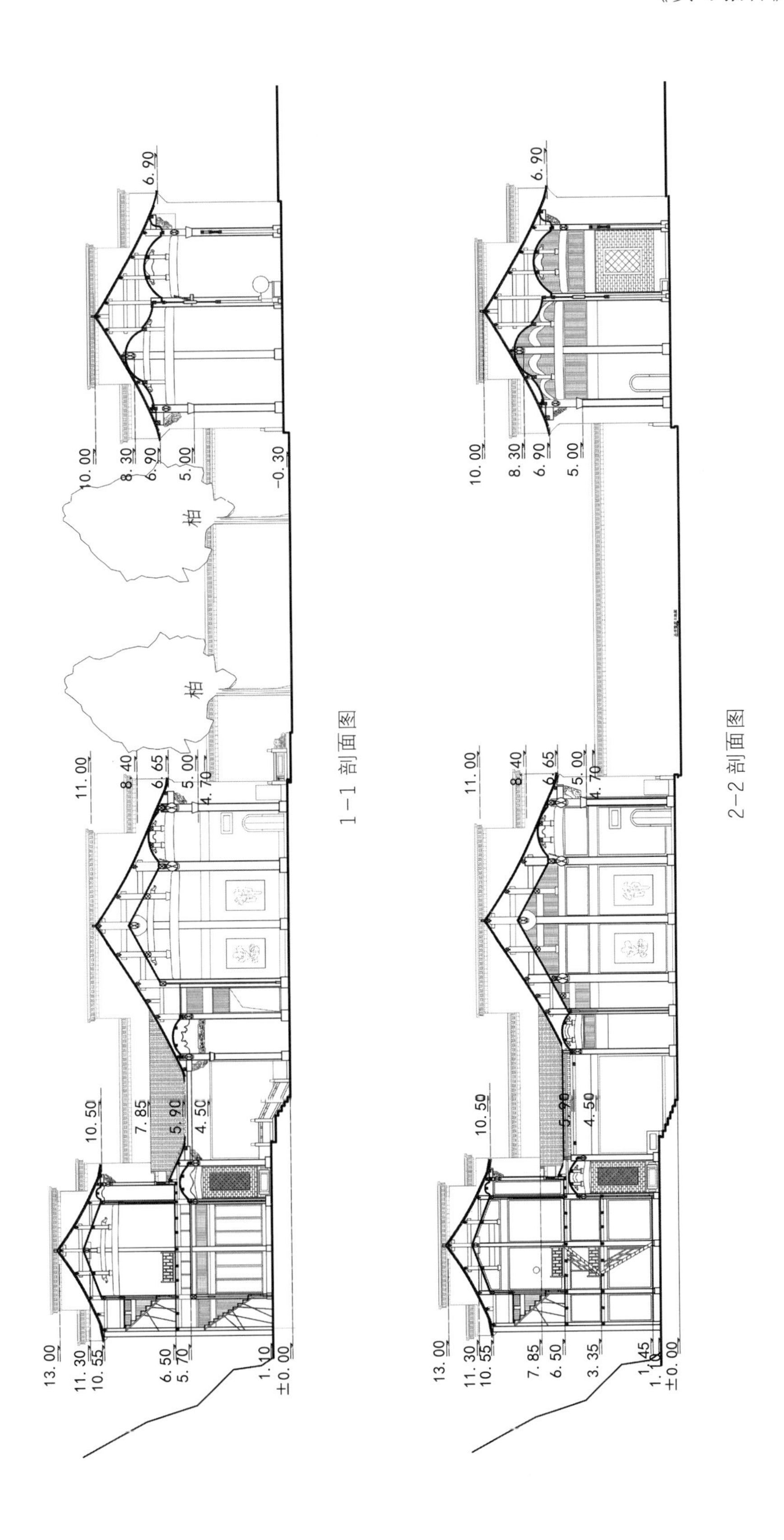

13.00
11.30
10.55
6.50
5.70
1.10
±0.00
10.50
7.85
5.90
4.50
11.00
8.40
6.65
5.00
4.70
柏
柏
10.00
8.30
6.90
5.00
-0.30
6.90
13.00
11.30
10.55
7.85
6.50
3.35
1.45
1.10
±0.00
10.50
5.90
4.50
11.00
8.40
6.65
5.00
4.70
10.00
8.30
6.90
5.00
6.90


1-1 剖面图

2-2 剖面图

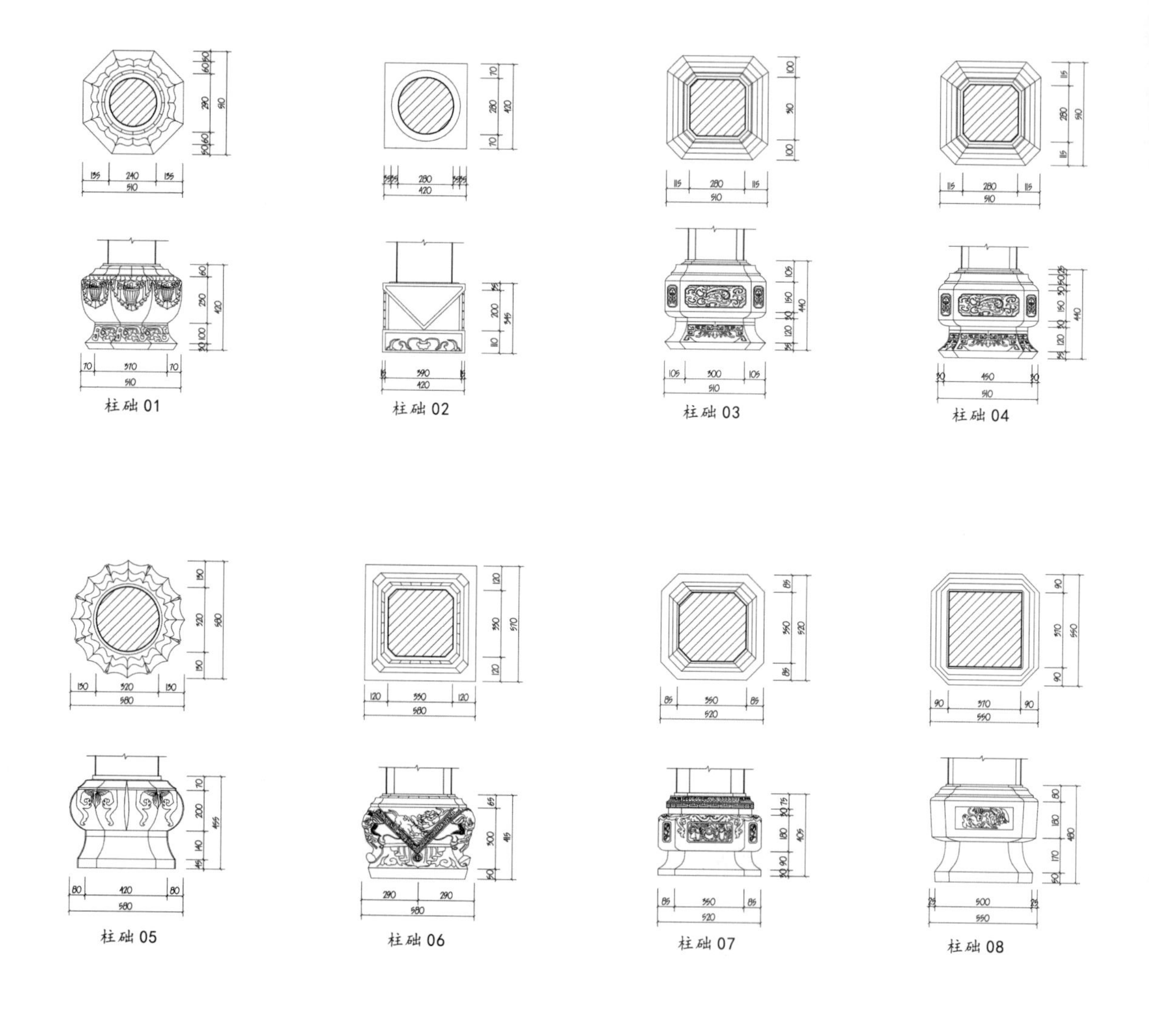


大样图（一）

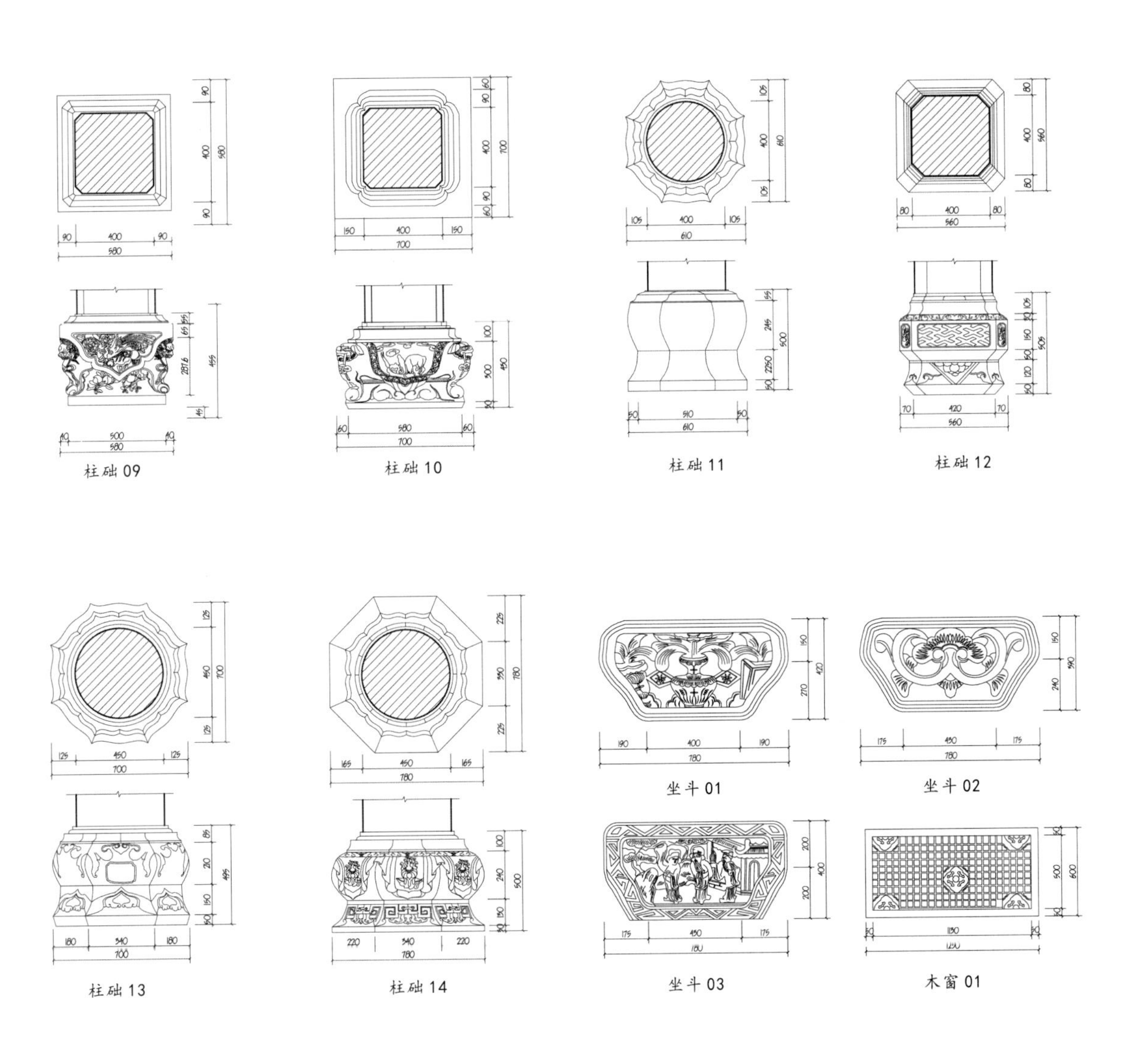


大样图（二）

入口

享堂天井

享堂

寝楼二层

寝楼

寝楼天井

梁架与匾额

门窗

柱础 1

柱础 2

柱础 3

石栏杆

在古民居内考察访问

实习结束张贴感谢信

植树节帮助乡亲植树

回校办实习成果展

厚岸通德门

章渡

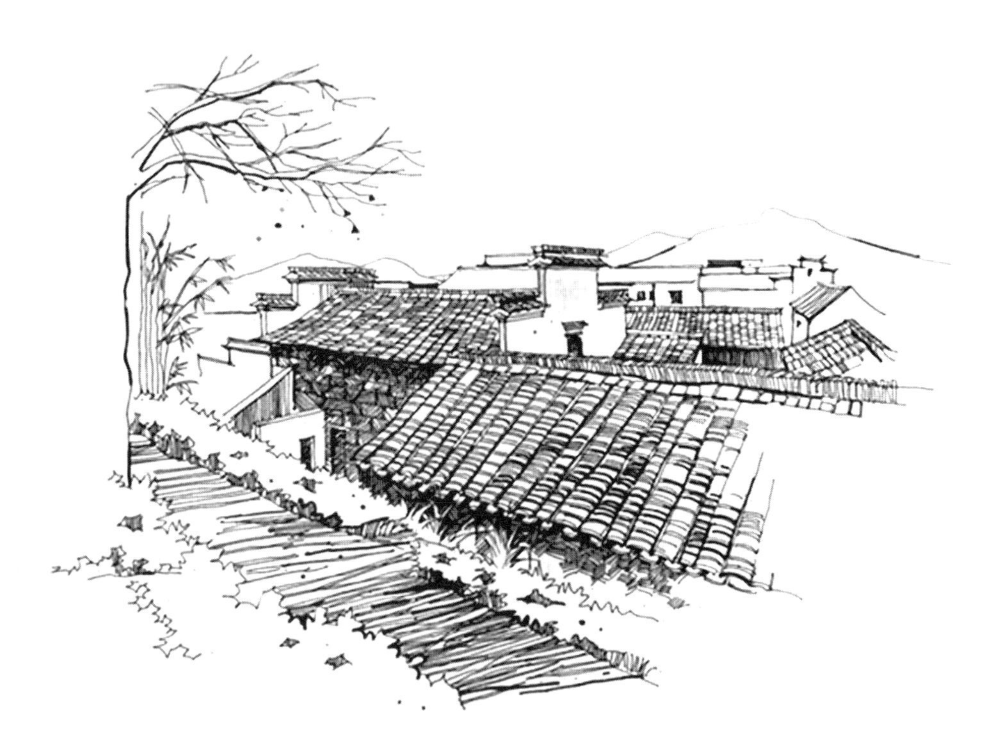

厚岸留余堂

厚岸花园一景

# 评语：

1. 这是一份较好的古建测绘实习报告，报告中论文、测绘图、摄影照片和速写齐全。尤其是测绘图部分，很认真地测绘了王氏宗祠的平面图、立面图、剖面图和部分详图，获得了关于王氏宗祠的一手资料。证明小组成员掌握了测绘的技巧，动手能力很强，非常好。

2. 照片部分对测绘对象的反映较全面，有利于图纸和照片对照，加深对建筑物的理解。实习生活照反映了同学们与当地群众的亲密关系，为学校树立了良好的社会形象，这是最值得肯定和发扬的。

3. 底层平面和底层地面铺装图可以合二为一，用一张图来表示，一次性表达完整的图，图面更丰富，同时又省时省力。

4. 缺少总图，无法展示和了解宗祠在全村的地理位置。

5. 本组速写只有一张，太少。为了作范例用，所以加选了几张其他组同学的速写作品，以利参考。

6. 论文的内容反映了同学们对测绘对象有了一定的理解和心得体会，但因为对测绘对象没有深入和详细的介绍，论文中许多结论性的心得体会，感觉较多是从书刊文章上摘录的，缺少对照实物进行分析。最好的论文是针对自己测绘的对象，加以具体介绍和分析，总结出它的规律和意义。论文一般有两种类型：一种是介绍性质的论文，即对研究对象做详尽的介绍，让自己和读者知道了以前所不知道的新事物；另一种是有一定理论高度的论文，即在对研究对象详细介绍的基础上，再加以尽可能多的分析、归类和总结，得出规律性的结论。同学们初学写作，首先要学会撰写对研究对象的详细介绍，介绍既要全面，又要系统，还要重点突出，在此基础上再做专业性质的分析，才有理有据，不至于空洞。笔者写了一篇《泾县厚岸村祠堂的特色》的文章，附在后面，供同学们参考。

7. 附《泾县厚岸村祠堂的特色》。

# 泾县厚岸村祠堂的特色

泾县厚岸村最具特色的祠堂就是全村最大的王氏宗祠。它坐北朝南，门前有一个大广场。从南到北一共有三进：第一进是人员进出的门厅，第二进是祭祖和议事的享堂，第三进是供奉祖先牌位的两层高的寝楼。每一进都是由功能单一的一幢建筑及其前面的露天空间（广场、庭院或天井）共同组成。在每一进的室内，人们都可看见蓝天白云、花草树木等，能感受到风雪雨露与四季的更替。在这里，天、地、人三者相互感应、成为一个整体——这就是中国传统“天人合一”的思想在建筑上的生动体现。它与西方建筑把许多不同功能的使用空间集中安排在一幢高楼城堡里的做法完全不同。人们在高楼城堡里，只能通过一个个小窗子窥见十分有限的外部情景，上难见天，下不着地，接触不到天地，很难与风雪雨露的四季变化获得沟通，更谈不上相互感应了。中国传统建筑是将不同使用功能的空间分散安排在各自独立的单幢建筑之内，然后根据不同功能之间的相互关系将几幢单体建筑组合成不同的庭院，再把这些不同的庭院，根据它们功能之间的相互关系或纵或横地进行组合，形成有机组合而成的套院。如王氏宗祠的轴线上就是由三进不同功能的主体庭院纵向组合而成的套院。在其两侧山墙外还安排了附属用房的庭院，共同组成了一个王氏宗祠的建筑群。（参见一层平面图）

中间三进是祠堂的主体建筑，都安排在同一条中轴线上，以“居中为尊”的手法来突出它们在祠堂中的主体地位。其两侧山墙外安排看守祠堂用的辅助厢房，处于祠堂的从属地位。主次地位十分明确。

在同一条中轴线上的门厅、享堂和寝楼，由于享堂是祭祖与决议家族大事的主要场所，所以又把享堂设置在门厅和寝楼的中间，目的也是为了突出享堂“居中为尊”的地位。另外这三幢建筑虽然通面阔相等，但其进深和层高又以享堂的为最大和最高，享堂在建材上也是用料最粗、最大、最讲究，在“三雕”等装饰上更是最华丽、最精细和最突出。

享堂本身三开间。其正中明间，无论在开间尺寸上，还是用料的大小上，以及装饰的程度上，都比两侧的稍间要大、要粗、要华丽得多。

由上可知：这种“居中为尊”的封建伦理思想所决定的等级制度，在王氏宗祠的建筑上从规划布局到单体设计，再到细部装饰的处理上都被体现得淋漓尽致。（参见平面图、剖面图和照片）

上面介绍的王氏宗祠的规划和设计跟其他家族的大宗祠没有两样。但它除此之外，还有许多其他祠堂所没有的特色。

第一，除后进天井设置了带水池的金水桥之外，在前进门厅山墙外侧庭院内又各设置了一个大水池。这是该祠的独到之处。

门厅左右山墙的外侧紧挨着建有各带一个水池的附属庭院，用于平时看管祠堂和商议家族事宜的办公用区。这两个水池，平时调节了空气的湿度，池内养鱼植莲增加了祠内景观。在万一有火情时，池水又能即时用于救火。另外，从正立面看，厚岸王氏宗祠因为水池的设置而增加了左右两个很大的实体墙面，使宗祠正立面显得非常宽大；此实墙又使中间虚空的祠堂大门显得更加突出，起到了一举多得的好效果。这是其他任何祠堂没法与之相比的，可以说这是它独一无二的特色。

门厅山墙外的左右水池

享堂与门厅中间的大院子

第二，享堂前面大院子的设置和处理，令人叫绝。

其门厅与享堂之间是一个很大的院子，把门厅和享堂完全隔离开，让各自都变成了独立的防火分区。万一门厅失火绝对不会危及享堂，享堂失火也不会危及门厅。这跟许多祠堂门厅与享堂之间用两条左右连廊形成一体大不一样。如查济的八甲祠，就是因为没有事先考虑防火分区，一失火就全烧光了。另外，这个大院子内种了两对古柏和一对桂花树，四季常青，使祠堂生机盎然。大院子靠门厅的后沿和享堂的前沿都设置了汉白玉栏杆，做工精细，增加了上下厅堂的庄严气氛，步入其间令人肃然起敬。

第三，该祠门厅和享堂为三开间，寝楼是五开间；前后开间不等，结构上处理得天衣无缝。

从平面图可以看出，宗祠前面两进都是三开间，后进寝楼变成了五开间，目的是为了安排楼梯间。因为大宗祠供奉的是全村历朝历代的先祖牌位，数量多，一层放不下，需要两层才够放，必须要设楼梯。但该楼梯用的频率和人数并不多，不需要太宽，所以就将原来的三大开间改成了五开间，这样正合适。需要留意的是：后进五开间与中进三开间柱子与柱子不对齐，在梁架结构上它们是如何连接的？这时候就把柱距较小的柱头上的梁，架在柱距较大的大梁上。

后进寝楼正立面

后天井左右侧廊

第四，用料十分讲究，做工十分精细，过渡性构件安排得十分妥帖。

如该祠露天地面因为人走得多，采用花岗岩石板铺砌，特别耐磨。石头栏杆的望柱、扶手和地袱用白大理石作框，中间镶嵌黑大理石雕花栏板，因为大理石质地软好加工，又

石栏杆和石板路

泾县与徽州木柱与石柱交接处的处理对比

是用在不怎么磨损的地方，非常合适；黑白搭配，轮廓清晰分明，恰到好处。又如石柱与木柱交接处，做了一个雕花坐斗作过渡，非常自然又美观。与徽州呈坎罗东舒祠（宝纶阁）在木柱与石柱接缝处只打一道铁箍相比，精致得无懈可击。

第五，木雕和石雕琳琅满目，精致无比，令人目不暇接。

该祠的梁、雀替、撑拱、门窗和柱础、栏杆、墙裙等都有雕刻，而且栩栩如生，令人叹为观止。

梁架与门窗木雕

柱础石雕

厚岸村另一座有特色的祠堂，就是扁桶祠。

扁桶祠的特色：

（1）“扁桶祠”的名称意味深长。其实它的真正名字叫“金鼎垂裕”。为什么村民都叫它扁桶祠，而忘记了它的正名“金鼎垂裕”呢？据传是金鼎王氏第六代宁公的太太为建该祠，将自己娘家陪嫁的一扁桶金银首饰都捐了出来才建成的。村民们对她的善举非常感动，一个传一个，后来全村的人都习惯性地叫它“扁桶祠”了。该祠“金鼎垂裕”的石匾如今还嵌于后堂厅内的墙上。

（2）该祠为典型的前店后宅民居的平面格局。该祠临街，坐北朝南，门前有一个小广场。它前后两进，都是两层的楼房。前进 7 开间，底层正中一条通道通向后进祠堂的厅堂；通道左右各三间店铺。后进正中是一大间为祭祀用的厅堂，祭祀厅堂屏风后放祖先的牌位，厅堂前面有一对蟹眼天井。祠堂山墙外左右各有三间东西向的房间面对着祠堂的山墙，都是住家用的房间和厨房。前进二楼是茶室，后进二楼为储藏空间。此祠告诉我们：祠堂实际上是从民居的堂心演变而来的。民居堂心就是祠堂的发源地。

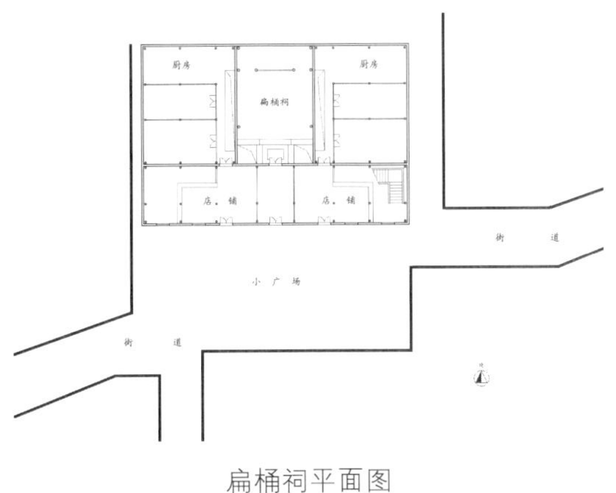

扁桶祠平面图

扁桶祠内景

（3）该祠给我们提供了建筑风格演变过程的活标本。该祠原系明代早期建筑，太平天国时被焚，次年重建。因此该祠的立面就有了晚清时期西洋风格的壁柱与拱券，其后进用了近代机械

扁桶祠正立面（西洋风格的壁柱和拱券）

扁桶祠木结构（和合二仙撑拱与西洋式栏杆）

车制的木栏杆，而梁架还是采用“和合二仙”撑拱的中国传统建筑的木结构风格。这幢两种风格同时并存的建筑，给我们提供了建筑风格演变过程的活标本。

（4）该祠的一块碑记，用史实证明了厚岸村民世代都有乐善好施、一心为公的优良传统。

祠内民国时期的一块碑记记载：该祠在洪杨兵燹后于次年改建，并确定“祠两旁所建市房捐助栎溪小学校作永远教育之资金”。这体现了厚岸村民重视教育和一心为村民后代着想的高尚风格。再联系到“扁桶祠”的称谓，这个祖传的优良传统，一直延续到了今天自发组织的厚岸文保协会，是一以贯之的。这种精神令外来游客对厚岸古村不禁刮目相看！

厚岸古村除最大的王氏宗祠和扁桶祠以外，还有锁公祠、通亨公祠、宁远堂支祠、梅公厅屋，另外还有被拆卖了的碧丰公祠、龙川公祠等。它们都各有特色。因为没有一一仔细考察，只能将它们的主要特征通过几张照片简单介绍如下。

民国时期泾县县政府布告碑

宁远堂支祠

通亨公祠

梅公厅屋

锁公祠

祠堂建筑是新中国成立前同姓家族用以祭祀先祖的重要建筑，它是全体村民商议和决定家族重大事件的地方。因此其室内空间一般都比民居大。祠堂也分等级，王氏宗祠是厚岸村金鼎王氏家族祭祀厚岸王氏一世祖的大总祠，等级最高，规模也最大，一般都是三进带跨院的一组建筑群；锁公祠、宁远堂、扁桶祠都是支祠，是祭祀一世祖下面某一支先祖的公共建筑，所以比总祠要低一等级，规模相对也小一些，多数为两进四水归堂的形式；敞厅最小，它是祭祀支祠下面某一房多个兄弟同一个先祖的公共建筑，所以规模也最小，一般只有一进。民居中每家每户的堂心，实际上就是这户人家最小的小祠堂，逢年过节每户人家都在自家的堂心内先祭自家最亲近的祖先，而后才到厅屋（又称敞厅）、支祠，最后再到全村的大总祠去祭祀共同的一世祖。请参看下面的民间祭祖场所的等级与类型图。

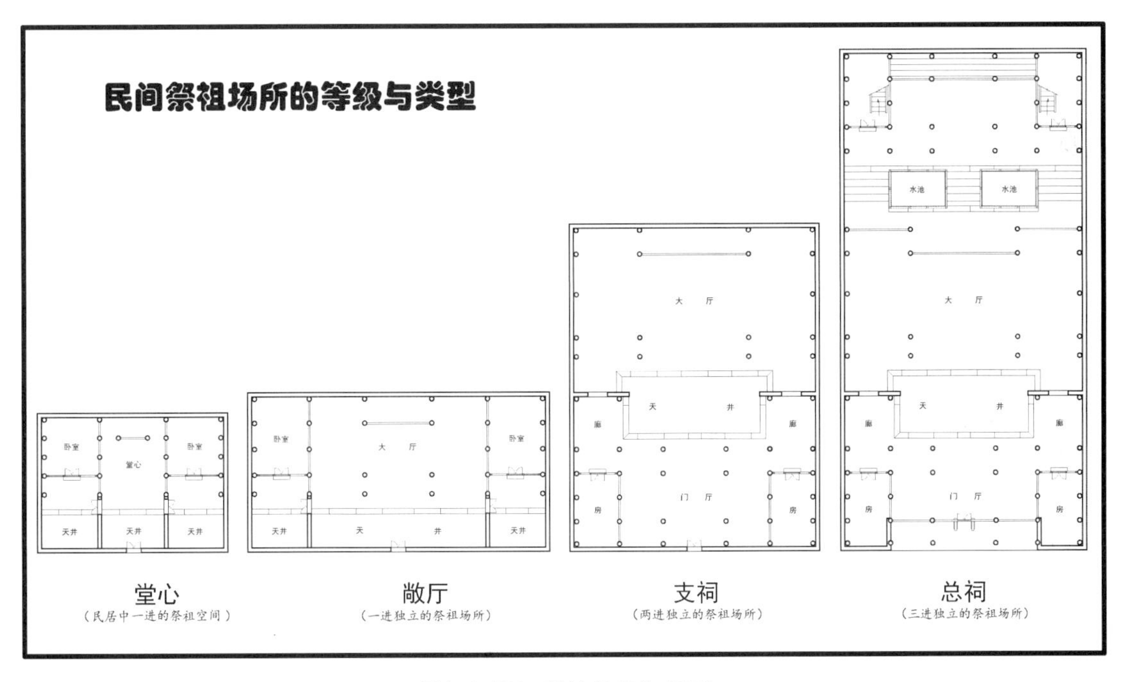


民间祭祖场所的等级与类型

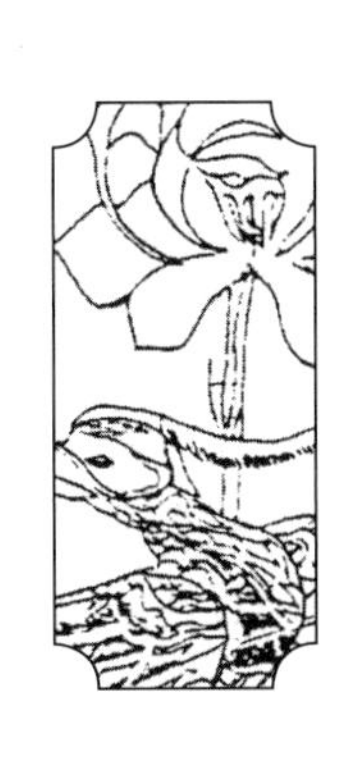

# 肆

# 提高实习教学效果的方法

一心想提高教学质量的教师是非常辛苦的，但也是不忘初心、心甘情愿的，他把教会学生知识和获取知识的本领看作一种乐趣和责任。当学生在他的指导下取得了一点成绩和进步时，这是对他劳动、教书育人的回报，从而使他感到无比的欣慰和自豪。学生的成绩越大，进步越快，他就感到愈加快乐与幸福！他心里时刻都装着学生，因为将来他的学生都是事业的继承人，不教好学生们，事业将来由谁来继承？

教育要肩负起实现中华民族伟大复兴的历史使命，抱着这种态度的教师，不仅会自觉地强调实习教学的重要性，而且会不断地为提高实习效果总结经验，然后采取一系列行之有效的方法促进教学质量更上一层楼。根据我们多年来实习教学的经验和教训，总结了以下 7 个提高实习教学效果的方面：

**1）教师和学生都必须十分明确实习教学的意义。**实习教学能培养从专业知识到为人处世，乃至独立工作和生活的综合能力，是任何教学手段都代替不了的。教师和学生只有明确了实习教学的意义，才会自觉地重视和珍惜实习教学这一环节。

**2）实习教学一定要有章可循，即要有符合教学要求和行之有效的实习大纲。**在没有实习大纲指导下的实习是无序的、随意的、十分不规范乃至任凭教师喜好行事，效果预测不到，事后也无法对照检查，这是绝对不符合合格高等院校教学要求的。实习大纲也不能完全摘抄兄弟院校的大纲，而要结合教学要求和本校具体情况制定。大纲中要对实习的目的、任务和方法制定出具体和明确的要求，具有可操作性。实习大纲不但要求教师清楚它的内容和要求，而且也要让每一位学生都知道，这样大纲才能得到有效地执行。

**3）实习前教师要事先精心安排，做好实习前的各项准备。**事先要安排学生分组，准备好测绘工具；实习期间的吃住和测绘点要亲自提前去物色安排；经费、交通食宿都要落实好。另外特别要提醒学生要学会尊重人。一个测绘组，同学之间也要相互尊重、互相帮助，只有团结协作才能完成好共同的测绘任务。另外还要不怕吃苦，发扬艰苦奋斗的精神，因为在乡镇实习，总比在学校里各方面艰苦。一定要认识到：实习教学不仅仅是加深对专业知识的认识和理解，培养学生具有以上这些素质也是实习教学的任务和内容的重要组成部分。

**4）实习期间教师要自始至终悉心安排和指导。**因为每门实习课，学生都只经历一次，没有经验，考虑问题不周到，往往从测绘技巧到日常生活都会出现问题。教师应从自身的经验出发，预先打招呼，并始终指导、督促直至顺利结束测绘工作为止。

**5）测绘结束，一定要及时整理好《实习报告》，《实习报告》必须按时交。**教师的及时提醒和督促，不仅有利于及时整理好实习期间辛辛苦苦测绘来的资料，而且是培养同学们遵守制度规定、按时完成任务这一良好职业习惯的一次机会；也是诚信观念的一次锻炼和培养。因此，师生都不能轻视。

**6）《实习报告》交来以后要及时批改和讲评。**可取之处要表扬、鼓励，推荐发表，以激励同学们的学习积极性；不足之处要指出，要求同学们坚决改正，以养成同学们一丝不苟的职业习惯和工作精神。

**7）举办展览互相观摩和学习**。每次实习结束都举办一次“实习成果展”。展览不仅能提高大家的学习兴趣，而且为大家讨论切磋提供了一个最好的舞台。这种自由讨论切磋的学习方式，最受同学们喜爱，收效也最好。

按照以上的方法，年复一年地坚持下去，实习教学的效果一定会越来越好。

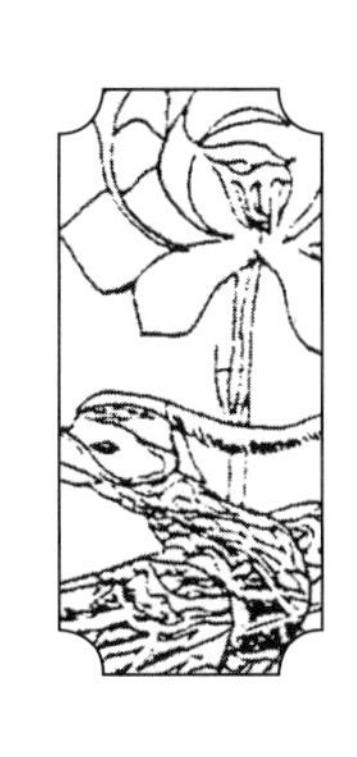

# 伍

# 大学生应该怎样培养自己

大学生活，是每位大学生从学生时代走向社会工作，在校进行系统学习的最后阶段。因此，应着重培养自己走上社会以后能胜任工作的综合素质，使自己一走上社会，就能变成现实社会所需要的人才。

社会需要各行各业各个层次的专门人才，大学生应该是高层次的专业人才，高层次的专业人才不仅要有扎实的专业知识，而且要有熟练的专业技能和良好的人际关系，以及遇到各种情况时的冷静心理素质和技术应变能力。以上多方面综合素质的培养：一是向书本学习，二是向老师学习，三是向生活学习。最根本的还是要向生活学习。

**向书本学习：**主要是学好学校里开设的每一门功课。要学好每一门课，必须在这门课开课之初，就清楚地了解它与自己所学专业的关系；了解了它对自己将来工作起什么作用，才会主动积极地去学，并把它学好。千万不能被动盲目地学！另外，一要看教科书和专著。二要看专业杂志。书比较系统，但观点较滞后；杂志信息较前沿，但零碎不系统，掌握了书和杂志的不同，就可以有目的地去看书或看杂志，力争做到既能掌握系统的专业知识，又能了解前沿的专业动态。这是专业人员必须具备的专业素质。

**向老师学习：**因学校老师众多，各有所长，要能学到众师之所长，那必定能青出于蓝而胜于蓝。这是学校所具备的特殊优越的学习条件，在校学生一定要牢牢把握住；出了校门，这样的条件和机会非常少。但老师也各有所短，千万不要因老师有缺点就不愿向他学习，对老师也要宽容，这样才能学到自己要学的东西。向老师学习的主要方法是多问，“你不问，老师怎么知道你哪里不会、哪里不懂呢？”提不出问题的同学，缺乏主动性，学习效率较低。久而久之，进校时原本在同一条起跑线上的同学，就自然而然地拉开了距离。另外，不仅要向老师学习知识，更要学习老师的学习方法与思考问题的角度。“听君一席话，胜读十年书”，它能拨开云雾，切中要害，节省许多摸索阶段所花费的时间。有些同学怕问老师，生怕惹老师厌烦。但实际上，作为教师，学生是他体现自身价值的对象，只要学生肯学、愿问，老师是很乐意解答的。因为在他辛勤培育下，能看到自己的学生有一丝进步，那都是自己的成就和工作的快乐！另外在学校里学生不懂问老师，老师是有义务和责任耐心仔细地做出解答的；一旦走出校门，进入社会，同事之间就没有这种义务和责任了。所以，同学们应该抓紧在校的这个机会，多多向老师请教。这是理所应该的，也是十分难得的，要牢牢把握住才对。

**向生活学习：**这是最主要的，也是最根本的学习方法。老师的知识，书本上的知识，统统都是从生活中经人摸索和总结出来的，若学会了向生活学习，知识会取之不尽，用之不竭。生活本身既是学习专业技能和处理人际关系的最好课堂，又是检验人心理素质的试金石。学校里的实习教学只是向生活学习的一小段经历，同学们通过这一小段向生活学习的经历，可以掌握所需知识、技能和各种素质的本领，才会真正走遍天下都不怕！因为到那时，任何不懂的东西，自己随时都可以从生活中去学会和掌握了。

同学们在学校里除应学会专业知识、专业技能和良好的人际关系以外，还要锻炼自己的意志，培养自己的责任心，这比拥有知识和能力更加重要。它同样是事业成败的关键因素。意志和责任心，只有通过自己的自控能力来实现。所以在校遵守纪律、按规章制度办事并不是一件小事，要提高到素质培养的高度来认识，认识到了，就会自觉遵守，坚强的意志和高度的责任心也就会慢慢养成。不管是知识、技能，还是意志和责任心，要想学得快、学得好，主要的诀窍在于勤学苦练，也就是互动、积极、多参与！

最后，还须强调正确处理人际关系的重要性。古人云“天时、地利、人和”是事业成功的三个必不可少的条件。但天时和地利，人们很难选择；“人和”则是可以创造的，而且是每个人的责任。这里特别要强调的是“和谐的人际关系”需要共同来创造，绝不能只要求别人对自己付出，而自己对别人却只有索取！不愿付出，只管索取的人，在现实生活中是没有人愿意与之相处的。“共赢”的准则，是创造“人和”环境的基石。在促进大家事业都能成功的基点上，建立起互助互爱、团结奋进、无私奉献的新时代和谐的人际关系，这是我们事业能够成功的关键，也是祖国繁荣昌盛的前提和保证。

大学生已经成长为能独立生活，能把握住自己前途和命运的血气方刚的青年。在我国改革开放以后，全国各地都正在掀起一个前所未有的建设大热潮，同学们应该好好珍惜利用在校的时间，像海绵吸水一样地学习知识、技能，培养个人的全面素质。抓住每一个机会，把自己培养成为祖国最需要的有用之才——这也是时代的召唤！

# 实习感想

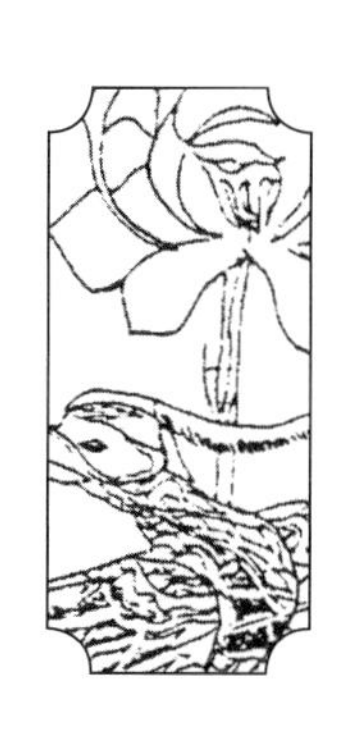

# 陆

向往实习，机会难得。感受深刻，受益匪浅。任重道远，奋发向前。

生活是知识的源泉，因此古人称“处处留心皆学问”。生活又是培养各种能力、精神、责任心和学会做人的最好课堂。因此，今人特别强调“重在参与，重在过程”。实习教学正是要求教师全方位地带领学生走进生活，向实际生活学习。因此，实习教学，便成了培养学生全面素质不可替代的最有效的教学手段之一。

# （一）历届同学《实习感想》摘录

## 1. 向往实习，机会难得

1）盼了很久，终于等到了实习的这一天。早上 7：00 从学校出发，同学们首次出去实习，心情格外兴奋，一路上欢声笑语。四月，阳光明媚，春意融融，满眼望去，路边尽是绿油油的麦田和金黄色的油菜花，让我们这些久居城市的学生真切感受到了大自然的气息。

别了皖南。别了茂林。别了，那青山，那绿水，那纯朴的人们，……有机会我们会再来茂林！

2）阳春二月，在老师的带领下，我们满怀激动的心情，带着美好的憧憬，踏上了我们这次实习的征程。

我们的测绘很快便完成了，我们明白测绘不是目的，我们所要得到的是一份了解，一份理解，一种领会，一种心的交流。用心去聆听这远山，这流水，这清风。在完成测绘后我们登上了奎山，站在山顶，感受着心与大地的接近，灵魂与这片土地的遥相呼应。我想我们已深深地爱上了这片土地。

即将告别这片土地，再一次流连这山，这水，这屋，这棵柿子树，让我们从历史的震撼中回到现实，去冥想，去思索，从而激励我们去探索。

3）……此次实习收获颇多，真希望以后还能有这样的学习机会！

4）再次漫步在这恬静安逸的村落中，理一理离别的思绪，村口那苍郁的老树，河边石阶那洗浣的村姑，桃花潭那清凉的潭水，河滩中横行的石蟹，村中袅袅升起的炊烟，一幅幅优美的画面更让一种“相见时难别亦难”的离愁悄悄涌上了每一个人的心头，并铸成一种永恒的回忆留在了心中，铭记了传统建筑美的真谛。

5）离别查济前，老师带我们参观了陈村的古建民居，章渡的吊脚楼，欣赏了李白笔下的桃花潭，登临了怀仙阁，畅游了风景逶迤的太平湖……我们在竹筏上戏水、玩耍，同学们那股可爱的劲儿，老师们见了都露出了欣慰的笑容……是啊，多好的景致，但更珍贵的是这难得的机会。这是翟老师和夏老师的努力，尽管翟老师已不是第一次来到这块土地，但他还是满怀激情地为我们介绍情况，因为他爱这块土地，他比我们更爱这儿的古民居……

6）离开章渡后，回首再望，古镇笼罩在清晨的薄雾中，青弋江似一条彩带，江上的老街阁楼建筑古朴凝重，此时人们仍在熟睡中，只有那巍峨的马头墙在注视着我们这批外来人。回想起那十余日的辛勤调查，令人不由感慨万分。一阵秋风吹过，带着古镇清晨的凉意，拂过我们的脸庞，唤醒了我的回忆，车笛响起，该是回校的时候了。

7）实习真的是一次难得的机会。现在我们在学校有老师组织，以后走出校园，怕再也没有这样的机会了。现在真的很希望能有下一次的测绘实习。

8）戊寅深秋，建院学子出庐州，过巢湖，渡长江，抵查济。查济——深谷中的一片白云。

9）实习任务圆满完成了，为期十来天的皖南之行告一段落了。回顾这十来天，用一句话来形容就是：“痛，并快乐着！”

## 2. 感受深刻，受益匪浅

1）测绘结束时，同组的几位同学都颇有感触，也更深刻理解到徽州民居的特色，这是书本上体会不到的设身处地的感受。古代劳动人民的聪明才智再一次折服了我们。为了珍惜这种感受，我们和主人留了影。在此深深地感谢在测绘期间给我们帮助的人，特别感谢我们的翟光逵老师，谢谢他给了我们这次珍贵的机会。

2）传统民居的研究是一个深刻的课题，需要花时间和精力仔细研究，同时要具备全面的知识。古建筑测绘实习给了我们宝贵的机会，让我们受益匪浅，终身受用！

3）户主向我们提供了许多详细资料，介绍了许多当地的风土人情……在这里我们学到了书本上学不到的知识，开阔了视野，这对我们的将来是百利而无一害的！通过这次对查济古民居的测绘，使我们领略了中华古建筑的独特风采和神韵，提高了我们的建筑专业素养，并从内心产生一种真挚的爱国热忱。

4）我们作为学习建筑史、建筑设计的学生，通过这次测绘实习，学到了不少知识。同时，我们感到最大的收获是：通过实习，渐渐掌握了学习的方法、欣赏的角度以及评析的尺度。当然由于我们阅历有限，工作成果不免会有缺憾之处，但是，我们已经走出了第一步，我们就有能力相信自己会在将来做出更优秀的成果。在此，我们特别感谢老师的精心指导！

5）金秋的 11 月是收获的季节，此番我们的查济之行也收获不小，如对中国古建筑的木结构有了一些认识，并培养了自己的实际动手能力。然而由于我们水平有限，加上测绘及成图的时间很短，难免存在错误及不足之处，希望大家批评指正。同时也希望有更多的人来研究古建筑，将我们民族艺术的瑰宝——徽派建筑展示给世人。

6）云岭之行，短短的十余天时间，给我们的大学生活留下了难忘的一瞬。在紧张的测量过程中，我们深深地感受到对中国古建筑认识的肤浅。在测量中，我们发现了问题，并及时向老师寻求答案，最终解决了很多实际问题，丰富了我们的古建筑知识，这将是我们迈向古建研究的第一步。也许对这么一座大建筑群，我们几天的实习是不够的，但至少我们有了收获——懂得如何去认识和发现问题，并且掌握了解决问题的方法。

在结束测绘之际，我们还应向新四军军部旧址纪念馆的领导及管理人员道声感谢，我们取得的成果与你们给予的支持是分不开的。测绘期间，我们不仅能够领略古建筑的文化内涵，而且可以在先烈精神的激励下，努力做好本职工作。还有一点，我们作为未来的建筑工作者，应在将来的工作岗位上，为保护祖国的大批古建筑而做出努力，付出自己的实际行动。兹向国人急呼：保护文物，这是当务之急，为子孙后代着想，负起责任来。

云岭，我们由衷地敬仰你！

7）我们在这次实习中得到的不只是直觉的感悟，还有我们对每一个细节都不放过的求实精神，对每一个疑问都力求找到答案的求知欲……这种精神是我们在书本上学不到的。在这两周的实习生活中我们思考过，也在马虎与认真中抉择过；为每一个成绩雀跃过，也为搞不清问题苦恼过。最终，一张张图纸渐渐诞生，不再是纸上谈兵的浅薄。它以认真为蓝本，在一砖一瓦的勾勒中都倾入我们的自信与坦然。因为我们真正地去测量过，我们不惘然。于是对于建筑，我们燃起新的希望与信心，仿佛站在新的起点上。这不仅是因为青山、碧水对心灵的洗涤，也不仅是因为对历史和文化的崇尚，而是因为实践，因为对建筑本身的了解和热爱，对未来的路，我们更坚定。

8）怀着对徽派建筑的景仰，以及对古民居、马头墙风格形式急于了解的迫切心情，我们小组对这次实习充满信心和决心。第一天就立下“不做好，不去玩”的壮言。测绘工作是繁忙紧张而又使人劳累的，每个组员都发扬了优良的团队精神，任劳任怨，困难抢着上，疑难的地方共同研究解决，对工作是十分投入的。每天吃饭迟到，白天是不休息的，晚上整理资料总是到深夜。第五天晚上整理资料时突然发现有 12 cm 的误差，是复杂地形下测量的误差，在 7.7 m 的建筑中，这 2% 都不到的误差，我们争论、研究、查找了近 3 个小时，当时的时间是很宝贵的，但我们宁愿多花费点时间、精力，也要达到丝毫不差的真实性，包括每块铺地板都精心测量过。这一丝不苟的工作精神连我们自己也时常感慨。此间小组唯一女性——杨传芳同学，她自始至终的耐心和细心以及对小组其他三位成员的关心，无不给小组注入了极强的凝聚力和动力。值此，小组向她表示崇高的敬意！

实习期间我们的翟老师亲临现场，给予了我们悉心的指导，提出了许多我们都没有注意到的问题，这使我们又学到了不少知识。屋主查国环同志，在工作及生活上，也给了我们极大的方便和帮助，悉心为我们介绍房子的历史、构造以及与建筑有关的民风民俗，耐心地回答我们的询问，每天帮着我们测量，并为我们出谋划策。我们的成果与他们的帮助是分不开的，因此，小组成员特向翟老师、查国环同志及所有帮助过我们的人，致以最诚挚的敬意和谢意！

9）深秋时节，带着初冬的寒意，20 岁的我们从繁重的课业中暂时解脱出来，告别城市的喧嚣，融入山村的宁静。虽然只有短短的 10 天，但它已在我们的脑海中沉淀下来，成为记忆中一段美好的时光。测绘的过程是紧张而繁复的，精确是测绘的灵魂，亦是我们追求的目标。为达此目的，我们不惜反复测量，反复校正，把误差减少到最低限度。这一份求实精神，对于我们今后亦是一份难得的收获，值得永久珍藏。

10）在测绘工作过程中，我们增加了对古建筑知识的学习，对查济村的了解。随着我们对查济村了解的深入，我们感到了一种压在肩头的重担。查济村的文物原本颇多，可由于人为的破坏，剩下的也大都是断壁残垣，让人见了不禁颇感悲凉。这种悲凉的感情撞击着我们每一个人的心房，便产生出一种责任感，一种“保护文物，人人有责”的责任感……我想，我们测绘也绝不仅仅是去了解一下古建筑的构造，而是在培养我们知识和能力的同时，让我们去感受古建筑的美丽多姿，去感受古建筑保护的责任。到群众中去实践，这实在是最好的办法不过了。

11）我们建筑学专业一行 60 多人在翟老师的带领下，穿行在皖南的崇山峻岭之间，到达了泾县厚岸乡查济村，开始了我们的“中建史”实习。在青山绿水之间，这些闪烁着历史和文化光彩的民居建筑，令我们激动不已。我们渴望靠近她，擦去她历史的尘埃，触摸她，感受她，用我们的尺和笔精心地描绘她。晨曦中我们开始了一天激动而辛劳的工作；暮霭中拖着长长的疲倦的影子归来；灯下，我们仔细地研究白天测量的数据，并绘制成图。我们的态度是一丝不苟的，由于建筑的一部分后来改建，曾使我们陷入迷茫，在试图复原中，我们反复地比较各种方案，察看了周围大量实例，并将草图改了又改，解决这个问题竟用了两天时间，这在当时是多么宝贵的两天！实习归来，我们又将图纸重新绘制，并加以研究，完成了研究报告，这些和照片、钢笔画汇集在一起，编成了用辛劳换来的测绘成果集。

12）测绘的过程是艰苦的，我们每一个同学都深刻体会到了苦、脏、累；但是成果是喜人的，从中得到的是我们一生中难得的一次宝贵经历。我们在课本上学到的东西，在实习的过程中得到了一次充分的巩固和加深。测绘虽结束了，但是它留给我们的思考并没有结束。第一次实践的经历将使我们在以后的学习和工作过程中受益很多。测量工作的细致认真，数据的校对和勘误，这种一丝不苟的精神，我们以后在设计工作中一定会继续保持。通过实习，使我们知道了“处处留心皆学问”的道理。我们相信自己以后一定可以把我们的专业学得更好。

13）走进查济村，人们的居住环境引起了我们很大的兴趣，因为人们都生活在大自然中，房舍就在田地旁，好一派田园生活气息，让人想起文人雅士在诗文中所描绘的令人向往的田园生活。在去测绘的路上，我们边走、边看、边感受，真正体会到漫步在田园中的感受，令那原本会让人感到难熬的路途也变成了享受，使人在不知不觉中到达了目的地。

## 3. 任重道远，奋发向前

1）测绘结束了，我们离开了“红英狼籍拂渔舟，仙客当年到此游。今日踏歌人不见，碧波无语自东流”的桃花潭，可是我们不能忘记那些历经风雨已经千疮百孔的建筑，它们是那样宝贵，需要应有的维修和保护。当我们挥手告别陈村时，真切感受到中国的传统建筑依然焕发着它们的风采，它们的许多特色依然值得后人学习、借鉴，同时也感到我们肩上的担子很重。

2）陈村的这次实习，对我们每一个人来说，都是一次不可多得的学习体验和社会实践。我们一定会将所学得的知识造福于人民、回报于社会。

3）如今，我们回到了学校，作为一个安徽的学子，我们为家乡拥有这样宝贵的建筑文化遗产而自豪。来到这里，我们不会再有“一生痴绝处，无梦到徽州”的遗憾，并要为这份珍贵遗产的保护和发展贡献我们微薄的力量。

4）作为21世纪的建筑设计者，把中华民族传统文化发扬光大是我们的责任。我们要更深入地研究徽派古建筑，进一步吸收其中精华；我们也要想办法，尽自己所能来保护留存下来的古建筑。

5）这些古民居宛如一座座古建筑博物馆，将数百年前的灿烂文化和建筑艺术保留至今，让今天的我们，接触到祖先的智慧和文明，借鉴到祖先留下的珍贵遗产，并将这些优秀的思想运用到我们的创作中。同时，我们也感到古建艺术研究和保护的紧迫性，这些我国古代建筑史和建筑艺术的珍贵实例，正遭受着时间的腐蚀和人为的破坏，我们呼吁有关部门，尽快加强对古民居的维护和重视，使我们祖先留下的珍贵遗产得以完整保存。

6）日子过得很快，两个星期很快就要过去了，我们也要离开这个小村了。明年的开春，山会变得很绿，野花也会开得很艳，房屋依旧是那样斑驳，塔依旧守着这片土地。我们的到来、离去，没有改变什么，只是自己有了许多改变。

7）感慨之余，我们想在建筑学这片广阔的土地上辛勤耕耘，用我们的双手和智慧，描绘出安徽美好的明天。

8）我们看到，由于资金短缺、技术不到位，以及岁月无情，德公厅屋像一位暮年的老人一样，已老态龙钟。触摸着岁月的痕迹，聆听着历史的诠释，我们的思绪飞向幽远的曾经辉煌时期，更加感到有责任把这幢珍贵的古建筑真实地测绘下来，并对残缺的部分小心求证，加以复原，将一份真实的德公厅屋展现在大家面前。

9）新的形势下怎样利用古建筑，并使之适应新的生活方式更是今后的热点课题，这些都是我们青年建筑学者所应承担的历史责任，应尽毕生之力为中华建筑之辉煌而不懈奋进。

10）今天，我们把汗水化为希望的种子，播撒在广阔的田野上；明天，我们将带着成功的微笑去收获那成熟的果实。

11）……所以，我们在这里呼吁，全社会的人都应行动起来，来保护祖先给我们留下的宝贵遗产。先人是智慧的，后人也是聪明的，今天的材料、设备都远远好于昨天，为什么我们很少能创造出令人称道的东西来？最主要的是忽略了文化的个性。建设美好的明天，需要很好地总结今天和昨天。建筑是技术的、艺术的，更是文化的。现代建筑呼吁民族文化的底蕴！

12）就在我们欣赏乡村古建筑美的同时，也发现了许多不和谐的因素，如二甲祠堂的东侧是一个饭店，饭店的装饰确实不错，有白色的贴面砖、现代化的玻璃，但却破坏了二甲祠堂前的空间景观。类似于二甲祠堂的这种现象还有许多处，这也就提出了一个问题：我们保护古建筑不仅仅是保护古建筑本身，还要注意它周围的环境与建筑本身的和谐性。在我们发展经济的时候，不要忘了去保护这些为数不多的文化遗产，让历史少留一些遗憾！

13）我们应该肩负重担，去勇挑维护古建的使命，因为它太苍老，太有价值了；它是前人智慧的结晶，中华民族文化之瑰宝；要让它青春永驻，老年开花；只有如此，方能“俯仰无愧天地，回首不惭后人”。

## （二）历届教师《实习感想》摘录

为了激发同学们的实习热情，提高同学们的实习兴趣，把以前师生们实习的经历与感受摘录出来，对同学们会起到激励作用。

实习诗抄是师生们实习生活中一幅幅生动画面的再现。当师生们全身心地投入实习时，实习生活本身便成了诗。

### 记93级“中国建筑史”实习

百余学子饥渴望，弃工从教上课堂；
理论更须加实践，携生同奔实习场。
久困青年情激昂，龙腾虎跃古岸旁；
李白哪知今日事，踏歌空前闹南阳。

注：李白《赠汪伦》的桃花潭镇，古时称南阳镇。

### 记94级“中国建筑史”实习

建筑系师生，实习到皖泾；人多分两地，测绘任务明。
包车集体行，食宿统一定；不损针与线，形象树标兵。
地铺双人床，青菜豆腐汤；晨起头顶月，归来披霞光。
白天细测量，夜晚共磋商；生活虽艰苦，收获丰满仓。
喜见实物详，更惊无书样；拍照无数张，图纸难计量。
柿栗深山藏，筏渡轻荡漾；土产任你尝，乡情实难忘。
同学亲姐妹，老师如兄长；齐战近半月，个个情激昂。
时间过得快，不能再延长；老师若考察，我们还向往。

## 记95级“中国建筑史”实习

久雨天晴迎朝阳，微风杨柳菜花香；驱车泾川测绘地，山清水绿茂林乡。
师生下榻楼谷香，百人共聚尚友堂；老街深巷寂寞久，欢声笑语一时扬。
古镇民宅别有样，花砖玉门厅堂敞；府第轩园何其多？耕读人家墨砚庄。
沟涸路塞多残墙，破雕碎碑断门框；花园荒废成菜地，昔日辉煌不放光。
历史文物屡遭殃，十四牌坊垫桥梁；传统文化不能绝，师生痛惜抢测量。
决心下定困难让，尺少绳代干照样；日测夜绘抓紧做，腰酸背痛情激昂。
实地调查亲手绘，精制图纸无数张；速写照片更难数，心得体会涌满腔。
测绘生活似打仗，智慧能力尽发扬；协作互助集体上，实习战果真辉煌。
开门请进任你量，有问必答道端详；口渴倒茶又让座，淳朴民风暖心房。
山花清泉新茶香，河蟹毛蕨竹笋壮；游艇急飞古渡摇，乡间课堂心神旷。

注：实习期间住在粮站招待所“谷香楼”，在吴经理祖宅“尚友堂”用餐。茂林古时有32轩、72园、108座大夫第。“耕读人家”“墨庄”“砚庄”只是其中之一而已。

## 记96级“中国建筑史”实习

查济明清古民房，搬梯登高须仰望；翘角飞檐尤难测，精致雕刻拓印忙。
东台书声忆稼祥，云岭烽火血满腔；先烈遗志誓继承，实习师生脏累忘。
万步岑山眺九黄，千脚楼下戏弋江；桃潭仙踪飘游乐，一路歌声满车厢。
测绘归来功课忙，天寒回家取衣裳；实习报告何时交？半月辛劳白泡汤？
课后教室督导望，家中请坐指点详；学生愿问更愿教，有错肯改心怒放。
师生同为学问忙，此间乐趣少人尝；实习战果汇成册，“世大”献礼不怯场！

注：“东台书院”是无产阶级革命家王稼祥小时读书的地方。
云岭是新四军军部旧址所在地。岑山紧依查济村西，在其上能眺望到九华山和黄山。
千脚楼指泾县章渡镇沿青弋江边一排吊脚楼民居。
桃潭指李白《赠汪伦》诗中的桃花潭。
“世大”指1999年在北京召开的世界建筑师大会。

## 记 97 级“中国建筑史”实习

上届史姐树榜样，本届同学更逞强；
争上墙，不相让，份份作业竞辉光。
国家验审刚收场，教委检查又遇上；
真功夫，不慌张，专家观后齐赞赏！

## 记 98 级“中国建筑史”实习

师生集合天微亮，驱车径直过长江；
校园书声脑后逝，山村遍野迎绿装。
实习生活日夜忙，知识能力上考场；
纪律严明乡亲赞，协作团结情谊长。
速写彩照争辉煌，图纸记录装满箱；
时间虽短战绩大，凯旋滋味甜又香。
归来功课满寝堂，争分夺秒总结忙；
实习成果展出日，同享喜悦共磋商。

注：2000 年芜湖长江大桥建成通车。

## 记 99 级“中国建筑史”实习

九九实习两地忙，三河查济竟逞强。
辛苦劳累丰收望，不枉师长心苦良！

## 相见欢　忆古建测绘实习

实习师生出发忙，歌声扬。远离城市喧嚣心怒放。
山风凉，清泉唱，劳累忘。说不出的滋味乐满腔。
实习生活似打仗，情激昂。团结战斗才智全用上。
昼测量，夜整装，情谊长。丰收后的喜悦多甜香。

## 绝句二首

翟光逵（同肖慕颢等老师带学生在泾县实习）

深秋云岭枫叶红，古建测绘兴意浓。
师生乡亲融一体，不亚当年抗日风。

青弋江边千条脚，西来一镇好奇妙。
刘公当年点基处，今日师生人如潮。

注：刘公指明初朱元璋的军师刘伯温，据传泾县章渡吊脚楼民居是他选址定基。他并预言：此处建镇将是永不倒镇。现今果验。

## 绝句二首

肖慕颢（和翟光逵老师）

雾气缠山云遮岭，弋江流水潭落星。
借得桃潭深情水，浇灌英才跨世成。

千条腿度数百年，老街章女何处仙?
翟兄邀我共切磋，喜各弟子九十员。

注：落星潭位于章渡镇上游几里许，传说因陨石落入其中而形成。

## 带学生实习有感

上课在校园，口授耳听黑板前；
看书本，讲书本，理论实践不见面。
不见面，怎结缘？
无味枯燥生困倦。
实习进村院，眼看手测实物间；
见生活，学生活，理解运用皆活现。
皆活现，亲体验！
热情干劲似涌泉。

## 诫告同学

世纪青年任道重，中华复兴战鼓隆。
祖国振兴百年遇，四方英才竞争雄。
沉舟侧畔千帆涌，机会尽在分秒中。
外因能添促进力，前程全由己掌控。
不进则退人人懂，效果只有见行动。
抓牢青春不放松，英雄自古青年冲。

# 实习小结

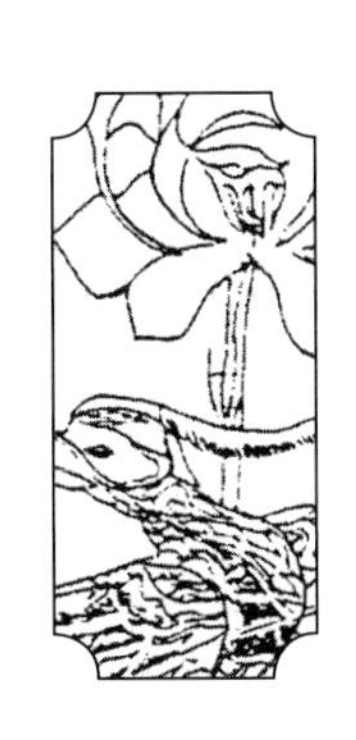

# 柒

总结经验、吸取教训、巩固成果、明确方向是继续前进的阶梯。

学生是教学的主体，教师是教学的主导。师生在教与学中的经验和教训，是对教学工作的最好指导。因此，历届实习后的《实习小结》，是改进实习教学的基础，也是继续前进的动力。

# 实习后教师的总结

一份份凝聚着同学们汗水的精美《实习报告》最后呈现在师生们面前，是对每次实习的最高奖赏。为了让实习成果一次比一次丰硕，吸取以往的经验和教训是非常有必要的。为了避免以前实习过程中出现的问题再次发生，特将以前实习中遇到的情况和解决方案汇总如下：

1）实习期间师生都要做好艰苦奋斗的思想准备。因为测绘地点大都在偏僻的乡村，条件比较艰苦，但绝大多数同学都能克服困难。

2）实习期间一定要再三强调遵守实习纪律的必要性，这对培养同学们的组织纪律性、集体观念和按时完成实习任务都是必需的。个别同学责任心不强，如将测绘点的钥匙弄丢，老师发现后积极与当地相关人员沟通协调，才消除了不好的影响。遇到这种情况，老师必须立即加以制止，以防事态扩大，产生极坏影响。

3）为避免突发事件的产生，实习一开始就要做好处理突发事件的预案；最好的办法，就是规定实习期间在陌生的地方不允许单独行动，外出时一定要 2~3 人一起。个别同学不遵守纪律、散漫，发生不按时回驻地、不请假私自外出等行为，这对培养同学们的组织纪律性、集体观念、按时完成任务都是不利的。

4）班干部的带头作用很重要，一定要选愿意一心为大家服务的人。

5）被户主赶出门、不让测的原因是：他们一进门就被雕刻精美的门窗吸引了。连户主在房间里做事也没去注意，就关起门窗来拍照，连个招呼也不打。导致户主认为这些大学生目中无人，不能容忍。如今独生子女的年轻人必须懂得为人处世之道，否则进入社会以后会寸步难行。

6）外出包车或者使用其他出行工具，需要提前充分准备，避免出现意想不到的情况，影响出行进程。

7）实习教学需要结合社会实践，但要以教学为主。不能临时随意变更教学计划，否则会影响教学质量。

8）实习教学要严格按照实习大纲进行，并且必须由专职的任课老师负责教学工作。

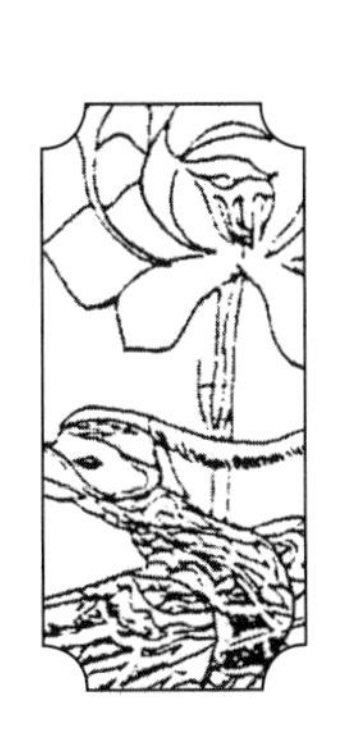

# 捌

## 古建测绘优秀成果选

# 目 录

# （一）前言

古建测绘实习，不仅引导同学们走进了“向生活学习”的门槛，对传统建筑加深了感性认识；同时也是对同学们的一次综合性专业训练。根据实习大纲的要求，每份《实习报告》都要包括论文、测绘图、摄影照片和建筑速写四部分。这四部分，每份报告从手法到技巧，从形式到内容，从认识到观点都不尽相同，各有千秋。为了便于同学们参考学习，就按这四部分的内容分类编排。

将优秀测绘成果编成一章，一方面是总结成果，以期“古建测绘实习”教学在此基础上更上一层楼；另一方面也是鼓舞同学们的学习热情，让同学们更加热爱和积极主动地参与实习教学，使实习教学开展得更加有声有色、有成效。

本教材所选古建测绘实习地都是在风景秀丽的皖南泾县。那里有汪伦邀李白畅游的桃花潭，又有国家级历史文化保护区——查济村，还有安徽省独一无二的吊脚楼古镇——章渡。那里是国宝宣纸的产地，又是无产阶级革命家王稼祥的故乡，还是中外闻名的皖南事变发生地……同学们在那里实习，不仅开阔了眼界，受到了教育；通过自己的测绘成果，也表达了内心对祖国历史文化和壮丽山河的无限崇敬和热爱。

本章优秀成果选是从我校历届建筑学专业本科同学的古建测绘《实习报告》里选取汇集而成的。由于版面所限，不能摘选更多，则是一种遗憾。

# （二）论文篇

实习论文把调研、测绘过程中的感受和心得，升华为一种理性的思考；从而对传统建筑的理解更加深刻。这一过程不仅仅能学会怎样撰写专业论文；更是专业人员从匠人转变为大师的必经之路。

## 翟作梅宅测绘实习心得

王巍、吴松、倪俊、高健、董梅

### 翟作梅宅简介

翟作梅宅，位于泾县陈村镇境内。陈村镇，古称南阳镇，唐代汪伦送李白的桃花潭就在镇边，如今潭边还有踏歌古岸、太白楼、怀仙阁等古迹。此外，镇中还有文阁（文昌阁）武庙（关圣殿）和安徽省最大的祠堂（翟家大祠）。镇子随地形、道路的方向逐步发展，因此形状很不规则，镇中民宅平面基本为方形，然因配合地形而做不规则形状。在外观上，各宅因净高较大，多以高墙围绕，既可遮阳又可防火防盗，院门多有门罩或门楼。在装饰方面，因各宅多为民宅，故装饰较为朴素大方，多为砖墙、木架，方砖铺地。装修不施彩绘，部分豪富之家有精美的砖雕、石雕与木雕，而各宅用以装饰院墙的方砖多有精美的花纹。外露的木构部分多用黑、褐、墨绿等色，与白墙灰瓦相结合，色调素雅明净。

翟作梅，地方绅士，未曾为官，于1929年“打倒土豪劣绅”运动中作为对象，此宅即被充公。因其宅规模较大，室内空间宽敞，曾用作村人聚会议事之所。翟作梅宅（以下简称梅宅）原有三进，后由于种种原因，第三进即上房被毁，现仅存前两进，进与进之间有天井隔开。大门位于东南角，进门是门屋天井，天井迎门处有一影壁。入门左行至前庭，即是轿厅，是供主人及来宾停轿下轿之所。轿厅正房三间，两侧厢房，厢房上有阁楼，但较矮。正房为降低室内净高而采用草椽和轩顶，轩为扁作船篷轩。在这一点上，梅宅借鉴了苏州民居的做法。轿厅后又有一天井，与前庭一样，它也是纵浅横宽的平面，两侧均围以高墙。这种手段可减少太阳辐射，这也是由南方夏季气候炎热的原因所造成的。第二进是大厅，是主人日常会客之处。亦是正房三间，两侧厢房，厢房之上亦有阁楼。大厅也采用轩顶降低净高，形式为扁作船篷轩。大厅和轿厅梁架都用月梁，轩顶和梁架之上均铺有望砖，有利于防火隔热，当地人称之为假屋顶。梅宅另有一个特点，也是皖南民居中很常见的，就是在建筑和院墙之间有一条宽约 1 m 的间隙，这是因为院墙很高，换气通风就不太好，于是留出一条间隙用以换气，间隙狭长而深，风产生的吸力就大，换气量也大。

在外观方面，梅宅秉承了徽派建筑的一贯风格：白墙灰瓦。但因风霜侵蚀，墙面已斑驳残旧。屋顶是徽派建筑中最常见的双坡硬山顶，灰色蝴蝶瓦。木质构件均饰以红褐色，墙面装饰也很有特色。详见测绘图，具体情况非文字所能准确描述。

附泾县及陈村简介：泾县地处皖南山区，黄山之麓，傍太平湖（即陈村水库）、青弋江，属宣城市。泾县的竹、木产量丰富，而以此为原料制造的宣纸更是以其承墨性好、质地细密且经久愈白的优点而名扬海外。泾县山清水秀、人杰地灵、民风淳朴，吸引了大量的中外游客来到此地。这里更是著名的革命圣地，震惊中外的皖南事变就发生在泾县境内的茂林地区。1940 年 10 月国民党顽固派发动第二次反共高潮，中国共产党为顾全抗日大局，决定将驻皖新四军移至长江以北。1941 年 1 月 4 日，新四军九千余人由泾县云岭出发，拟绕道苏南北移，7 日，行至茂林地区，突遭预伏于此的国民党军队七个师八万余人的包围偷袭，新四军被迫自卫，激战至 14 日，终因寡不敌众，除两千人浴血突围外，余尽牺牲或被俘。“千古奇冤，江南一叶。同室操戈，相煎何急？”皖南事变写下了中华民族解放斗争史上悲壮的一幕。

## 实习心得

虽然是在城市中长大的孩子，但是家住在郊区，附近就是农村，因此，儿时最喜欢的就是去那小塘里摸鱼捉虾，或是跑过方方正正的田垄，跳进清清的小河中戏水。农村在我们心中留下的回忆是温馨而有诗意的，充满了自然的芬芳。

上了中学，就再没有去过那片广阔的乡野天地了，过的是都市中一贯的快节奏生活，那些嫩黄的油菜、金色的麦浪，还有淡淡的稻花香，也只是偶尔在细雨飘飞、长夜于窗前独坐时断续地浮映在脑海中。

现在进了大学，学习的是建筑学专业，要进行古建筑测绘实习。于是有机会再度和农村亲切地交流了，而且这次无论白天黑夜，都生活在农村，对农村的感觉就更清晰了。陈村——一个美丽的山间小镇，由几个村落傍水依山相连而成。那儿青山隐隐，绿水飘波。天空也不是灰蒙蒙的，而是一片纯蓝，一切都是那么的清新。“海阔凭鱼跃，天高任鸟飞”，在这里你可以放任心神于山水田林中翱翔，毫无牵挂。

到陈村的第一天，恰逢一场春雨，淅淅沥沥的，走在铺着卵石、幽长深远的小巷子里，雨点的滴答声飘移不定，不由想起了戴望舒的《雨巷》那首诗，期盼着眼前也出现一位撑着油纸伞的，丁香般结着愁怨的女郎。不过我想戴望舒的诗中描绘的是江南小城，那女郎也必定是位水乡的小家碧玉，而在这陈村，姑娘们是开朗而活泼的，如山间的清泉般跳跃不定，不会是丁香般结着愁怨的病态。

陈村与徽州相近，建筑风格上受徽派影响很大，也兼有一些苏南民居的特点。这里古时因交通不便、地处僻壤，较少罹受战火劫难，因此大量的古代民居、祠堂、牌坊、亭阁、街道等都得以保存下来。徽州地区自古以来文化就非常发达，其经济基础来自大名鼎鼎、雄踞江南的“徽商”。徽商崛起于东晋，衰落于清末，在中国商业舞台上至少活跃了一千五六百年，明清之际的三百多年更是其鼎盛时期，与当时的“晋商”（山西帮）并称我国两大商业群体。乾隆下江南时接见的八大巨商就有一半是徽商。这一带具有代表性的建筑绝大多数也建于这个时期。有了雄厚的经济实力，随之而来的就是文化的突飞猛进，历史上这一地区就屡屡出现“兄弟丞相”“父子尚书”“连科三殿撰”“十里四翰林”“一门七进士”“父子三探花”等，足以说明徽州一带的文化水平在全国的竞争能力之强。就是陈村方圆数里之地，都出现过许多翰林、司马、将军等。这一地区的文化成就更体现在著名的宣纸、徽墨、歙砚、新安画派、新安医学、徽派版画和篆刻等方面，可谓是浩瀚无边的文物之海。

陈村的建筑秉承徽派风格，村镇依山傍水，因地制宜，房屋幢幢紧连，采光通风用内天井，因此不考虑房屋间距。另外由于当时交通不发达，主要靠轿子和推车，因此街道较窄，建筑密度很高。

由以上几点看，似乎对防火极为不利，但当我们心存疑惑地到现场踏勘后才发现，镇中的消防措施其实是相当完备的：封护墙体高于木构架形成“封火山墙”，四通八达的巷道又是自然隔火带，还将水源引入镇中，或者干脆沿水造房，取水十分方便。建筑密度高，节约了用地；结合地形顺其自然，减少了土方量，节省了投资。这些足以看出当时规划手法之高明。在我们的测绘过程中，吸引我们的不仅仅是极富特色的建筑本身，还有通过这些建筑体现出的人与自然、人与社会之间的有趣的关系。前面说过徽州一带（广义地说是皖南一带）经济基础的中坚骨干是徽商，这些商人于外地赚了大量的钱财，但是由于封建宗族制度，他们不愿也不被允许离开这里；而在这里又没有多少可供买卖的地产，于是他们的钱财只有花费在建造住宅和祠堂等建筑上。这些商人长期在外经商，为了家中女眷的安全，他们的住宅采用了高墙壁垒，这种封闭性的墙体其作用决不仅在于防御盗匪、制止火灾这样一些表层的功能要求。封闭性墙体所围成的一个个封闭空间有着其差异性和游离性，但是同任何人一样，它们也渴望共性，渴望交往，于是街巷就成了促进这些差异性封闭空间聚会的舞台。所有皖南村落的街道空间都远比其外观要生动得多，而住宅内部的空间也比其四周立面更为丰富多彩。从这方面也不难看出中国传统是将内部空间的塑造放在设计的首要地位的。皖南的建筑同中国其他地方的传统建筑一样，善于在不大的地形上造成起承转合、峰回路转的空间境界，他们追求内心的宁静、自省，并与宇宙自然的呼吸相通，隔绝外界的干扰。

在我们的印象中，皖南民居是一本超越了地域的建筑文本，需要坚持不懈地解读，而解读这本深奥的文本必须置于完整的社会、历史、环境背景中进行，尤其不能脱离有血有肉的生活去研究，否则你就只能得到一些数据、图片等表面上、形式上的东西。研究这些乡土建筑不仅要有深刻的理解力、敏锐的鉴别力、丰富的知识、开阔的视野和创造性的想象力，还要热爱生活，热爱生命，热爱真、善、美和那些真挚的、善良的、创造了这个民族文化和历史的可爱的人们。而且，研究者还必须具有吃苦耐劳的精神，清华大学的陈志华教授无疑是一位典范，陈老曾多次在浙江省楠溪江流域的崇山峻岭间艰苦跋涉，日行近百里，在极为恶劣的条件下完成了《楠溪江中游乡土建筑》一书，如此艰苦的条件仍挡不住陈志华教授及清华建筑学院其他师生的热情。的确，那凝聚着中华民族五千年文明精华的乡土建筑是多么大的一座宝库啊！

荒漠中神秘的楼兰古城，古朴庄严的商鼎周彝、青铜编钟，聚天下珍奇之光的历代墓葬，悬崖万丈、飞鸟罕至之处的六朝石刻，还有那许许多多的石窟中极尽辉煌的壁画，这些只是中华文化闪光的一面；而那些默默无闻的乡土建筑所蕴含的不被人们所了解的另一面，却是更加吸引人的。若缺少了这些乡土建筑，华夏文化就是一篇散失了重要篇章的文章。这些乡土建筑历尽了千年风吹雨打，洗尽铅华，现已饱经沧桑，但它含有任何博物馆或图书馆也没有的文化沉淀。自当年中国营造学社梁思成、刘敦祯先生以来，有许多学者都亲自下到乡村中调查研究，历尽千辛万苦，为的就是撩起罩在乡土建筑头上的这块神秘的面纱，打开这座宝库的大门，让那历史文化的光辉照亮每一个人的心。

我们非常敬仰前辈学者们所做的一切，这次在陈村的实习调研中，我们小组成员也力求在数据上更精确，也和老人们交谈了解当地的历史变迁及人文景观。在这几天中，我们深深地感到陈村这个皖南的山间小镇是那样的亲切、美丽，如一位湖畔采莲、笑语盈盈的活泼少女。整个村落傍依山形水势，构成了一幅立体的图画，整个人可以进入画中，在各个位置向各个方向欣赏。在这里我们真正体会到了什么叫自然美，那就是“清水出芙蓉，天然去雕饰”的样子。自晋以来那么多的田园诗人之所以如此深深地迷恋山水田园，可不就是因为它们的美是那么的勾魂摄魄、不可抗拒。青山隐隐水迢迢，引无数英雄尽折腰。在陈村，我们被深深地吸引住了，山上碧油油的茶林，江上古老的渡船和船上黝黑的艄公，江畔的青石和石上的浣衣女，曲折深远的街巷，素白的房舍和疯跑在其间的村童，门前闲坐的老人，还有那山上竹林茅屋中独住的守林老者，还有很多很多。所有这一切，都在静止中变化，停滞中前进。每一改变，每一前进，都是一道新的风景。千变万化，层出不穷，让我们喜出望外。艺术在于创造，人民的创造启发了我们对美的执着的追求，让我们暂时抛却了世俗的欲念。我们的眼界，我们的品位，在这里被升华得更高。让我们想象的翅膀更加强壮，飞得更高、更远。我们顾不上考虑别的事情，只一心去感觉、去陶醉，拜倒在山水之间，任心之所往！

在山水风光和人文景观带给我们的惊喜之后，我们也发现一些让人痛心的现象：许多历代优秀的、精彩的建筑已是伤痕累累。位于陈村西北角，建于明代的一座大祠堂，据考证是安徽省最大的祠堂，却蛛网尘飞、满目疮痍，竟曾被当作木材加工厂。许多优秀的民居已被自由分割得面目全非了，精美的门罩砖雕也残缺不全。研究和保护这些优秀的乡土建筑已是刻不容缓，时不我待。清华大学的陈志华老师一行 20 多人在楠溪江调研时曾遇到美国的、日本的调研队，他们配有先进的装备，摄影、录像、测绘一起上，如扫描般记录。而陈教授一行当时连拍照都要斤斤计较，生怕有一张重复的。但是中国人凭他们对乡土建筑深深的感情和自小在华夏文明中熏陶出来的敏锐感觉，取得了远胜于美国人和日本人的成果。

我们谨在此对他们表示深深的敬意和谢意。我们也希望能够沿着他们的路为这项工作微效绵薄之力。也呼吁更多的人关注这项工作，帮助这项工作。

## 古代装饰图案的内涵

徐卫良、汪德山、李娟、丁玉楼

通过在皖南的测绘实习，徽派建筑给我们的印象不只是白墙青瓦、小天井，那流动的空间、起伏的轮廓，以及那美丽的花砖，这些都让人耳目一新；而那变化万种的装饰，更能引起我们的兴趣，现述之一二。

一、装饰的位置：门窗、栏杆、梁架、檐口、天花等处。

二、装饰的材料：木、砖、石。

三、装饰的图案：对于门窗，常用格子竖线或斜线交织而成。格子棱条表面为凸弧形，且两边有线脚。对其他部位不会像门窗上受格子孔的限制，大可随势而作，花样繁多，如花草、动物、人物都有，人物有八仙、观音、悟空等。

四、图案的寓意：吉祥世人皆盼。人们把某特定的东西赋予一定的含义，即把它们视为吉祥物。后又把吉祥物图案刻于房屋的一些部位，以渴望能实现自己的愿望。喜事和喜鹊的“喜”字相同，于是人们用喜鹊来代表“喜”；梅花几乎人人喜爱，所以常见有“喜鹊登梅”这一图案。可能是由于同一种想法，把蝙蝠作为“福”的象征，人们常把五个姿态各异的蝙蝠围绕一个“寿”字，称之为“五福捧寿”；围绕“福”字有一谚语——多子多福。另常见用多子植物石榴来象征多子多福。

围绕“寿”字做文章的图案也有很多。松树象征着长寿，是人人皆知的事，因而有“寿比南山松”之句。桃子也是象征长寿的标志物，在农村人们传说谁吃到王母娘娘的寿桃，就可以从此长生不老，所以桃子又成了长寿的象征物。

禄虽也有以谐音“鹿”为代表的做法，但更多的用牡丹来代表。自唐宋以来牡丹花一直是富贵人家的玩物。“一丛深色花，十户中人赋”更道出其身价。因此，周敦颐称“牡丹，花之富贵者也”。现代歌曲中有句“百花丛中最鲜艳”以表示牡丹花富贵雅致。

在封建士大夫当中，有一批人超脱尘世、洁身自好，并以此作为生活的理想，在古建筑的装饰中也体现了这种审美趣味。最常见的是以四君子“菊”“竹”“梅”“兰”为题材的装饰形式。陶渊明爱菊，陆游咏梅，黄庭坚颂兰，白居易养竹，他们歌咏“四君子”的高尚品格，并借以自我标榜，抒发自己的感情。

在测绘实习中，我们偶见八仙题材的装饰。将宝剑、扇子、云板、葫芦、荷花、渔鼓、花篮、笛子用来代表传说中的八位仙人——吕洞宾、汉钟离、曹国舅、铁拐李、何仙姑、张果老、蓝采和、韩湘子，称为“暗八仙”。传说他们个个是英雄豪杰，是救世主；因而人们崇拜他们，希望能与仙人同在。

除此外，还有更多的建筑装饰题材等待我们去探索，它们隐喻了博大精深的文化。

## “中田庐”测绘感想

吴励、郑电飞、王青、唐怀全、韩杰

“中田庐”位于泾县茂林镇南，“绿野堂”东南，大门向南。正屋有两大进，均有堂心，两边各有正房两间。东边墙上原有“中田庐”三字，现已剥落。前面院墙有小石碑，为清道光时立，现已被拆除。据现任主人介绍，此为吴豹文长房吴学诗“慎修堂”边屋。“慎修堂”原有三大进，西边有花园，南有门厅及走廊，现均已圮。花园今已为菜园，有长方形水池一个，长 20 m。

吴氏谱载：吴豹文，字蔚南，号午村，乳名禄贡，贡生，官至云南大理府通判，署禄丰知县，后升京府通判，入省志。他生于乾隆丁丑年（1757 年），卒于嘉庆戊辰年（1808 年），共育有 8 子，分 8 房。长子吴学诗，为候选州同知，生于乾隆乙未年（1775 年），卒于嘉庆癸酉年（1813 年）。据此可以推测，慎修堂建于乾隆年间，中田庐建于道光年间，属宦官府第。

现存中田庐分南北两进，东有院墙包绕，庭院狭小，称为天井。前后两进布局统一、简单，但外观仍多变化；利用屋顶落坡方向各异、高低错落，以及屋檐的变化、墙面互相披水、封火墙（马头墙）等，使该建筑活泼而又富于变化。

根据实地测绘可知，慎修堂占地面积共 5000 $m^2$，大门位于东南角，门内有门屋天井（即现有的水池处），入口横行到前庭，即走廊；天井迎门处有照壁，具有典型明清时的江南府第建筑特点。

从整个茂林村来看，这是一个士大夫家族聚居的大村庄，遗憾的是，太平天国运动时，石达开率军到此，一把大火烧毁了昔日的繁华。从慎修堂的遗址来看，中田庐位于慎修堂正屋（三进）的正东面，与慎修堂正房之间隔一条狭长的通道（避弄），整幢建筑由几条纵横交错的避弄分割，如同一顶轿子，纵横的避弄好比轿杆，建筑好比轿厢。这种平行或垂直于中轴线的避弄，将整个建筑分成了正房、边屋等不同的等级，充分显示出明清时代官宦人家极浓的封建礼教色彩，体现了尊卑、贵贱、伦理与秩序，从而显示出士大夫的显赫地位。

前面我们已经讲过，中田庐是慎修堂边屋。听现主人介绍，这里曾经是下人住的地方，总建筑面积约为 1100 $m^2$。平面布局以一条南北向的平行于慎修堂的中轴线向南边展开。前后两进，布局一致。现以前进为例，谈一谈中田庐的布局。

首进大门南向，进门即为堂屋，根据明清时建筑的惯例，宅的面阔不逾三间，于是便纵深发展，形成长方形平面，居中有一天井，天井后面堂心有一楹屏风，屏风后面开设后门，出后门即是一条东西向的避弄，隔此避弄正对后进大门。在堂屋的两侧对称布置了厢房、上房和厨房。堂屋的前面两侧对称地开有两个小门，由此门即可进入东西厢房。听屋主介绍，当年，这两个门不是任何人都可以随便出入的，除家人与至亲外，其他人非请不得入内。堂屋中部的两侧各有一小门，但这门比前部的门较高，由此门可以进入上房。厢房与上房之间亦有一小门相连，并且与堂屋一样，厢房与上房亦各有一个天井，经过上房天井，再过一道门，就进入厨房。厨房是长方形状，面积颇大，厨房内还有小天井，井口下正对一个小水池。由东面厨房的小门出去，便进入到避弄，宽约 1 m，院墙高 4 m 左右。院墙与建筑物之间的这条避弄幽深、阴暗，贯穿整幢建筑。从西厨出来，就进入到一片菜园，我们在这片菜园里做了仔细的踏勘，确定了这正是慎修堂正房（共三进）遗址，残垣断壁隐约可见。从现在遗址来看，当年的慎修堂规模宏大，气势非凡，甚为显赫，体现出官宦人家的地位，同时也许是因为吴学诗是吴豹文长子的缘故吧！由这一片废墟过去，就是当年的西花园了。从这西花园的规模来看，我们可以想象出慎修堂当年的繁华。在西花园里，我们还看到一处建筑遗址，面积不大，据现住主人介绍，此为庵。在茂林村，每一个府第的花园里，都有一个庵，此乃旧社会封建礼教的产物。

在实地测绘过程中，我们惊奇地发现：两进房屋居然无一向外开的窗户，那么住宅的采光和通风是如何解决的呢？从前面的叙述中不难看出，一进房子竟有 5~7 个小庭院（即天井）。古人为何对天井如此情有独钟呢？于是我们将这两个看似独立的问题联系起来，终于找到了答案。原来整幢建筑就是靠这些天井来进行采光和通风的，天井的存在，不仅巧妙地解决了这两个问题，而且将人与自然完整地统一起来。天井实际上是庭院形式的缩小，在这个“迷你”的庭院里，可以根据主人的爱好，或置山，或叠石，或圈水；清新优雅，宁静致远。

众所周知，庭院建筑乃是中国民居建筑的主要类型。从东北大院，到北京的四合院，到西北窑洞的地坑院，再到南方的天井，无一不是庭院建筑的各种不同模式。中国人对庭院建筑的情有独钟绝非偶然，因为庭院建筑体现了儒道两家“天人合一”的思想。还有值得一提的是：与其他封建帝国不同的是中国传统的社会不仅依靠法律、军队，而且也用伦理这种文化的“软”性来约束人们。这种文化渗入建筑领域，就是伦理、等级、秩序。《黄帝内经》中说：“夫宅者，乃是阴阳之枢纽，人伦之轨模”，这可以说是中国传统的建筑观。同时，庭院建筑中的轴线、方位也很好地体现了等级与秩序。“宫墙之高，足以别男女之礼”，墨子这句话或许便是最早将房子与礼拉上关系的，庭院建筑能很好地区分尊卑、长幼、亲疏，尤其像吴氏宅院这样官宦家族的建筑，这或许便是中田庐严格的中轴线布置，以天井来确定建筑分区的主要原因。在造型上，由于众多的天井造成了山墙错叠，落坡丰富，加之北高南低，屋顶多为硬山，或山面高出屋面之上构成马头墙，极大程度地丰富了立面。

以一个极为完整的庭院空间为建筑的核心，是中国传统建筑所特有的。道家学说认为世界即为阴阳互动而成，于是庭院便以阴阳之枢纽存在于中国传统的建筑中。如果以阴阳的观点来分析：室内为阴，室外则为阳。重阴或偏阳都会引起不适。但我国为何由北向南，院落由大变小，南北向由长变短，东西向由短变长，这主要是受太阳高度角和日照时间的影响。由此便形成了南方独特的天井式庭院，同时也满足了天、地、人、建筑在天井这一空间内的阴阳交会中达到了完美与和谐。

在实地测绘过程中，我们发现：屋顶上的雨水无一例外地流入天井。古人认为：流水财气，而财是不能外流的，于是雨水便要流入天井，此即所谓的“四水归堂”。整个村庄的每户人家，都有明沟和暗沟相通，清澈的水绕着村中的各户流来流去，从一家流到另一家，最后流入河中，这就是当地人所说的“活水穿村”，其目的就是防止财气外流。

从我们测绘的整幢建筑来看，主要为砖墙和木结构。砖墙主要起分隔与围护作用，木构架用来承重即支承屋面，偶尔也兼作分割用。砖墙共厚一尺（330 mm），为清式墙（明式墙为一尺二寸）。值得研究的是这里的砖墙，一般是长方砖砌成空斗，内填黏土，并饰以花砖贴面。这种墙由外到内依次是：花砖—青砖—黏土—青砖—白灰。特殊的是这类花砖有着非常美观的花纹，且外表面与内表面不等大，呈梯形状。古人是如何烧出这类花纹图案的外墙砖不得而知，但据当地人介绍，这种技术现已失传，着实遗憾。

这里的木构架从形式上来看，应用清式做法，穿斗式与抬梁式相结合。抬梁式做法一般将柱立于柱基上，柱上支梁，梁上放短柱，其上再架梁，梁的两端放檩条。如此层叠而上，最上层的梁中央放有瓜柱，以承脊檩。这种构架使建筑获得了较大的空间，但使用的木材多，所以又辅以穿斗式（当地人称为穿枋），由柱距较细较密的柱子与短柱直接承檩，柱间不施梁，而以穿枋联系，并以挑枋承托出檐，这种构架用料较小，山面抗风性能较好。在中田庐里，这两种形式是混合使用的。中田庐的厢房与上房的构架中，中间即为穿斗式，利用大面积的穿枋，将一个大空间分隔成两个房间，利于摆设家具。但也有穿斗式中有少数架梁的做法，在堂屋，我们就看到过种做法，这里的柱子全是圆柱，柱子仅在上端做小卷杀，枋有额枋和平板枋，也有雀替。

清代建筑的装修精细而繁杂，可惜的是经过岁月的侵蚀，中田庐仅存零星建筑可供研究。为了不露出建筑的梁架，在梁下用了天花枋组成木框，框内放置了密而小的小方格，作为天花，但大都已毁，也仅存局部。厅堂的内部随使用的不同用屏风分隔，上部天花做成各种形式的“轩”，造型优美而富于变化，梁架上有少数精致的雕刻，色调素雅明净。

前后两进均为白石门坊、板门，前进大门两侧原有一对石鼓，现已拆除，石鼓的下面有许多精细的雕刻，并有“福、禄、寿、禧”等吉祥如意的图案和字样。门的上方有一白石匾，无字，或许是因为此处为慎修堂边屋的缘故。在前后两进中间夹一巷道，1 m宽，与房子东西的避弄相通，东向开有一门，同样为白石门坊，门上有“上东门”三字（此额已毁），所以茂林村人又称中田庐为上东门。

中田庐的厢房与上房全是木结构：木地板、木隔墙、木阁楼，朝天井的一侧的木门、窗上有方格和雕刻，方格便是用来采光和通风的。雕刻较明以前的雕刻要复杂得多，它们或斜向展开或正向展开，格子的棱条用硬木做成，宽仅有1 cm，且有凹凸线脚。听房主人介绍，原来正房的木雕远比此精致，不仅有方格，而且有许多着色上彩的动植物图案，煞是好看，可惜也无从找到了。从现存的边屋木雕来看，上面涂有暗红色彩，有金黄、绿等颜色的花纹，只因年久失修，大都已剥落。

前后两进房子一律是砖铺地面，厢房地面高出厅地面30 cm，均为木板结构，下面架空，架空部分对外有通气孔；通气孔是长方形青石做成，上面有各种图案。开始我们并不理解图案含义，后听房主介绍，此乃“暗八仙”图。上面没有人物，只有八仙使用的物品，一块方石喻似一位，共8块，正好构成一个八仙过海图。关于这种清代兴起的做法，还有一首打油诗为证：“拐李葫芦道法高，钟离老祖把扇摇，洞宾背剑清风绕，果老骑驴过仙桥，国舅手执云阳板，湘子云端吹玉箫，仙姑来敬长生酒，采和篮中献蟠桃。”

在前后两进房子中，前进地坪较后进低，即使在同一进中，北向较南向要高，即上房高于厢房，这绝不是偶然的，而是庭院建筑的特点。北房负阴抱阳，采光、通风均较好，常为尊者所居；而南房负阳而抱阴，常为下人居住。这种北高南低的建筑风格，又一次体现了尊卑、长幼的封建礼教体制。可见在封建社会里，尤其是在像吴豹文这样的官宦世家，伦理等级的现象无处不在。无怪乎人们发出“庭院深深深几许”的感叹了！

我们这次测绘实习，主要是从建筑学的角度去研究古民居的空间处理和地方特色、建筑与环境的关系，以及古建艺术。我们今天来研究古民居不是为了复古，而是要继承传统建筑中值得我们借鉴的东西，从而提高我们的创作水平。同时，通过这次实习，我们深感古建研究的紧迫性，在实习中我们发现大量民居都已毁坏，就在我们实习的几天里，就发生了房屋倒塌事件。我们呼吁有关部门应及早加强对古建筑的保护，莫让珍贵的历史遗产消失！

# 阅读“诵清堂”

吴军、程晖、任传松、董娟

## 简介

诵清堂位于查济村偏西的一隅，背靠群山，南临溪水，四周绿树掩映，环境极为清幽雅致。

诵清堂是一座明代建筑，距今已有400多年的历史了。约在清咸丰年间，这里出现了一对兄弟进士——查秉华、查日华；诵清堂也因而得名——即歌颂清朝之意吧。在大宅正屋中堂的正梁和上梁上曾分悬镌有“诵清堂”“兄弟进士”字样的二匾，但已被毁。

诵清堂鼎盛时期自正房而后屋宇绵延几进数十间，房屋数量之多，占地面积之广，实为全村之冠。更有甚者，查氏兄弟在告老还乡之后，为显兄弟进士宅的声望，在宅子四周竖起了高达九尺的院墙，虽然后来院墙不得不被勒令降低，但时至今日，仍流传开了这么一句童谣“诵清堂，私造贡院墙”。可见当年诵清堂的显赫一时。

如今的诵清堂仅剩一正两厢建筑，以及当年的花园。岁月的侵蚀，人为的破坏，已使其破败不堪，与当年的繁华景象相距甚远。现在的屋主查顺来，为当年兄弟进士的后代，勤劳朴实，却无力挽回祖先的荣耀。

## 建筑特色

诵清堂就地取势，临河而立，由一正两厢及辅助用房组成，加之当年面积颇大的花园，围合成一个较为完整的院式布局。由于宅外道路原因，院落形状颇不规整。宅院北邻一条蜿蜒小巷，主入口处设一高大的砖木门楼。门楼的设置，显示了当年户主的门第及权势。

门楼平面颇为独特，不同于一般矩形平面，而是接近梯形，且朝内开口较大，朝外开口较小。这样的设计颇具匠心：站在门外向内观看，门楼几近一幅立面，恰似一个景框（见照片）；视角比一般矩形门楼大得多——不知古代工匠是否学过透视原理，然而，这样的布局确可起到调整视差的作用。同时门楼木门扇凹进，让进出的人们有一个较开阔的旋转余地。

门楼的朝向也颇值得品味，与正北向夹角约30°。之所以这样设置，据我们考证，一方面是与宅外道路取得联系；另一方面也使门楼与东西向正房夹角小于 90° ，院门与正房大门取得呼应，使从宅外进入宅内的路径更为直接。至于是否还有其他风水方面的原因，我们不得而知。但种种举措都是为了适应人的生活，满足人们心理上的需要。这一点是至关重要的，与我们今天进行建筑设计时，强调“以人为本”的观点不谋而合。

门楼高大的木质门扇雕刻精美、做工考究。门楼空间内天花吊顶、条石铺地，无不显示当年其主人的富足高位。

门楼作为灰空间，起着空间过渡的作用，联系着户外与内院。内院极为开阔，正中有一砖石砌筑的矩形花坛，与正屋同在一条中轴线上，恰成为正屋入口大门的对景。从门楼入正房，既有规整的条石铺地，亦有弧形的卵石铺地，皆具强烈的导向性。

正房坐西向东，口形平面，包括主房及两侧的辅助用房。现仅剩一进，面宽五间，沿中轴线严格对称。三个隔而不断的天井空间贯穿南北，堂屋、厢房都朝天井开设门窗，屋檐出挑深远，伸入天井，形成长外廊。

正房入口大门设在中轴线上，正面一字形高墙，中部凸起。大门采用门罩的形式，在立面上做了重点艺术处理和装饰。门罩用青砖叠涩，外挑几层线脚，每层之间饰以不同的斜撑、砖雕，装饰极为细腻。门罩两侧上方有一对砖雕鳌鱼，造型活泼传神，既是权势的象征，亦有镇邪功用。门洞采用木过梁，汉白玉门框，线脚流畅，曲线优美。

大门的一个不同寻常之处在于门的内外两侧皆进行了同样的装饰，这在其他的民宅中并不多见。据屋主人介绍，这是当年兄弟进士加官晋爵后重修的大门，兄查秉华做了外侧，弟查日华则负责内侧，形成了同样的大门两侧装饰。

进入大门是最具皖南民居特色的天井空间，三个窄条形天井隔而不断，天井内条石铺地，排水沟相连。天井在这里发挥着良好的灰空间效应，使得室内外空间自然融合，人与环境紧密接触；亦使得外墙与厅堂不需开窗即可取得良好的采光和通风。同时天井内排水管的设置，完美地解决了雨天的排水问题。

天井的半私密性空间效应在人们的日常生活中亦发挥着重大的作用，人们可以足不出户，即可享受到室外的阳光。在阳光下做自己愿意做的事情，杜绝了室外的干扰，充分满足人们的心理需要。“以人为本”的思想在这里亦得到充分体现。

厅堂由于堂前天井的设置，成为开放的空间，结构暴露，更显得高大轩昂，气宇不凡。堂心面宽一间，进深采用“五柱式”，上设天花、双层结构，彻上明造；天花分别由卷棚形廊轩和屏风后单披后双步构成，使得室内堂心正脊位置与室外山墙屋脊有所差异。堂间梁架纵横，但部分已非旧观，经过小心求证复原，始得完整空间构架形式。柱间月梁、雀替，用料宏大考究，柱梁断面皆大大超过力学要求。柱间柱子直接支檩，用两层穿枋联系，梁、枋、檩条之间通过一系列装饰化的丁头拱接合，使之一气呵成，浑然一体。整个堂心构架不依赖过多装饰，靠其构件自身协调的比例和有机的连接，达到完美无缺。堂心装饰仅见于一些细部处理，斗拱、雀替装饰以精美考究的雕刻；有的斗拱还饰以象鼻。柱端为曲线优美的覆盆式柱础；勒脚留有雕刻精美、形式各异的通风孔，无不达到艺术与技术的完美结合。柱间屏风采用木鼓壁，梁架间填充面则采用颇为原始的隔墙——织壁粉灰墙。中堂高大的屏风将厅堂隔为前后两进，屏风后的草架天花上亦开设两个对称小天井，地面相应位置开设排水沟，四水归堂，财不外流。

厅堂通过堂前两侧横门与左右两厢联系，厢房共设四间，两层。厢房的特殊之处在于除有供作卧室之用的暖房，另有一可作起居会客之用的前室。厢房共设二层木雕隔扇。前室亦为半公共性空间，设计颇为巧妙，如若厅堂有屋主之客，那么前室即成为子女的会客之所。前室空间呈扁长方形，但足以放下供会客之用的茶几、桌椅。第四间套房更为独特，层高约为 4.6 m，套房空间内靠山墙处将两柱之间设计成壁橱，平时橱门紧闭，与一般木壁无异，以至于我们在最后一天才发现别有洞天。

厢房用木龙骨抬高室内地坪，可防潮，夹层空间可作仓储之用。暖房地面正中有一下沉式石火坑，可作冬天烧火取暖之用，也是对地下室空间的充分利用。

厢房的双层木雕隔扇，雕刻异常精美考究。格心花饰形式各异，绦环板图案自成系列，极富韵味。

辅助用房通过开设在天井内的小门与正房联系。原先的厨房现辟为牛棚，牛棚后的开敞空间辟为杂院。从杂院可直接进入当年的读书阁，现已被封死。现在的厨房设在正房另一侧。

正房主体采用硬山双坡屋顶，西北隅因与当年读书阁相接，用封火墙隔断，故局部做成斜沟，防止渗漏。

## 感悟

“陋室空堂，当年笏满床；衰草枯杨，曾为歌舞场”，如今的诵清堂在经历了风霜之侵袭，战火之洗礼，人为之破坏后，已是满目疮痍，今非昔比。高大的门楼写满了风尘，精美的梁架面目全非，触目尽是断墙残垣，满地狼藉，实难想象出当年“私造贡院墙”的辉煌，也为我们的测绘平添了几分难度。然而我们有责任也有信心揭开岁月为它蒙上的面纱，将一真实的诵清堂展现在大家面前。

“以人为本”是我们这次测绘诵清堂所得的强烈感受，建筑要以人为中心，适应人的生活，满足人的需要，这是在建筑设计中人人都懂的却往往被忽视的原则，然而诵清堂这座四百年前的古建筑却将这四个字诠释得淋漓尽致，让人由衷叹服。我们在赞叹先人智慧的同时，更重要的是向先人学习，并学以致用，这才是我们这次古建筑测绘的最终目的。

（注：此文曾载于《安徽建筑工业学院学报》1999 年第 7 卷第 4 期）

# 越是民族的，越是世界的

## ——查济二甲祠研究

李恕建、叶艳红、马群柱、张艳

## 查济简介

查济地处安徽泾县的西南角，与大平县搭界。它四面环山，三水流中（岑水、许水、石水）。村落沿着三条溪水，依地势而建，一直深入山洼深处。村落周围建有三塔：如松塔（南）、青山塔（北）、巴山塔（东，已毁）。

旧时的查济曾是一个人丁兴旺、生活富足的繁华村落，曾建有108座祠堂、108座庙宇、108座石桥。每座祠堂都各有特色，虽然现在已毁坏大半，很难重现当年的辉煌，但从各处遗址及整体布局来看，不难想象出当年的盛况。

## 二甲祠简介

二甲祠位于查济村中部，南临瑞凝午道，四周为民居院落，交通较为便利。

二甲祠建于明嘉靖年间，距今已有四百多年历史了。据了解，当年查济查图源代皇祭祖遇害，被追封为“代驾王”并赐建祠堂。当时所建八甲祠位于二甲祠西面，规模更为宏大，后毁于火灾。现存的二甲祠为后期所建，规模较八甲祠小，但保存完整，是查济现存祠堂中比较有代表性的一个。

## 二甲祠的建筑特色

1）平面：二甲祠平面规整，以一条中轴线贯穿始终，门厅、大厅和后堂组成二甲祠的起点、高潮与结尾。

门厅极为狭长，形成一个灰空间，有机联系内外环境。祠堂的大门两侧设有抱鼓石。进入厅堂，与门厅相比，空间异常开阔，给人豁然开朗的感觉。放眼望去周围全为木质，内墙镶板，不见砖墙，所谓“见木不见砖”正是二甲祠的独特之处。二甲祠的天井也有大家祠堂风范，不同于民居的窄小狭长形式，而是较为开敞，采光好；天井地面以条石铺盖，四周以排水沟相连，雨天时室内光线也比较充足。天井空间的运用，不仅解决了室内大空间的采光通风，又把自然引入室内，“天人合一”的思想在这里得到充分体现，同时也是“财不外流，四水归堂”等民俗的反映。

旧时祠堂主要是处理家族事务，执行族规家法的地方，有时也举行祭祀活动，参与的人员较多，为保证安全，厅堂两面各设一疏散出口，考虑十分周到。

在大厅与后堂之间，设有一木质屏风，虽然从屏风两端和屏风正中木门皆可方便地进入后堂，但屏风还是起到了一种“挡”的作用，保证了后堂祖宗牌位的私密性。屏风往后，又是天井的过渡空间，只是天井较厅堂天井狭长，光线较暗，给人庄重严肃的感觉。天井中有水池，不仅可以防止后堂失火，起到消防作用，还可以改善环境。

后堂比较狭小，中间正堂用于祭祀祖宗及存放牌位；两侧耳房用于存放祭祀用品并供佣人住宿。后堂地坪比厅堂高出 5 个台阶，突出祖宗与子孙地位的差异，让人到此，产生心理的转变，顿生敬仰之情。这也正是封建礼教在建筑形式上的反映。后堂两侧各设小门，供佣人出入。

2）立面：二甲祠面向道路的正立面造型十分丰富，平面上采用“八”字形，立面门上是非常少见的五凤楼形式，檐下各式木柱斜撑都有精细完美的雕刻，不仅满足结构上的需要，更为丰富立面、增强气势起到了作用。大门做工精细，中饰圆形木板似太阳，左右以栅格镂空，上下则饰以不同形式的木窗格和木刻雕花，真是极尽细工，木门前廊两侧以汉白玉栏板维护，式样与明代栏杆形式相仿，望柱头饰以莲花座、狮子等形象生动的雕刻。门廊两侧的正面墙上一反普通的抹灰做法，而是突出砖的排列花纹，与大门的细致相呼应。

与正立面相比，侧立面形式上明显较简洁，只有单一的马头墙装饰，但墙体高耸，给人一种森严的感觉；并且各段马头墙高低不一，外轮廓线十分优美。

3）剖面：二甲祠内部空间开阔，除后堂部分采用穿斗式木构架外，其余各处均为抬梁式木构架。

厅堂部分开间很宽，进深采用“七柱式”，都是彻上露明造做法，梁架体系暴露。廊架饰以卷棚天花，梁上立短柱支承檩条，柱下托以雕花坐斗；所有结构均以榫卯结合，紧凑有力，整体性好。由于进深和木架结构要求的差异，外观屋脊与正厅内部所见屋脊并非一处，而是在正顶梁的旁侧梁上立柱架檩，支承屋脊，只是这点为天花遮挡，不易发觉。此外，厅堂柱础和大梁下的撑拱，雕成立体的花、木、鸟、兽、佛像等，实在妙不可言。

## 结束语

通过参观与测绘，我们对徽州传统民居的村落布局、民俗文化、徽派砖雕、石雕和木雕等有了初步的了解和认识，对我们的建筑思想也有很大提高。

对徽州传统民居的研究应当综合建筑学、城市规划学、社会学、心理学、文化人类学和民俗学等多学科进行全方位多角度的研究。由于我们知识面甚窄，也就不能更深入地研究下去，我们会进一步努力的。

研究传统民居方兴未艾。因为越是民族的，越是世界的。在这里非常感谢院、系领导给我们提供这样一个好机会，更感谢翟老师的辛勤指导。

# 皖南民居初析

赵鑫、赵家玉、蒲道成、孟祥斌

我国安徽南部（简称皖南）峰峦奇秀、流水清碧、林木葱翠，处处美如图画，著名的黄山、九华山就坐落在那里。在青山绿水之间特别引人注目的是那些清新优美的民居，这些民居的造型、色彩、布局都有着比较统一的格调和风貌，从明代已形成自己独特的建筑体系，数百年来为皖南人民所乐于居住，为外来人所交口称赞。它不仅仍具有居住的实用价值，而且具有很高的科技、艺术研究价值和旅游观赏价值。现就其建筑特色和群体布局分别论述如下：

## 徽州民居的建筑特色

### 1）朴素淡雅的建筑色调

徽州民居一般都是青瓦、白墙，给人一种淡雅明快的美感，无论在田园、在山林、在城郊、在河滨，那一簇簇在蓝天衬托下的洁白的村舍，把大地点缀的分外素美。给人以鲜明的总体印象，从而渲染了徽州民居的基本风貌。

### 2）别具一格的山墙造型

徽州民居的造型颇有特色，除一般中国古建的低层、坡顶形式外，着重采用了马头山墙的建筑造型。它将房屋两端的山墙升高超过屋面和屋脊，并以水平线条状的山墙檐收顶。为了避免山墙檐距屋面的高差过大，采用了向屋檐方向逐渐跌落的形式，既节约了材料，又使山墙高低错落、富于变化。这种做法原是为了防火，故俗称“封火墙”，然而在徽州，由于应用广泛，组合形象丰富，形成了一种风格特征。如果说建筑是凝固的音乐，那么在这里则得到了很好的印证。

### 3）奇巧多变的梁架结构

徽州民居的梁架结构均为木结构，这些梁架构造奇巧，装饰丰富多彩，具有明显的地方特色。用料硕大、如同一弯新月平卧的横梁（又称月梁），中部略微起拱，末端雕出圆形花纹，中段常雕刻成多种图案，通体显得异常宏大壮美。立柱用料也颇大，向上多有收分，显得雄而不笨。梁托、雀替、斜撑、替木等大都进行镂雕加工，装饰以漂亮的花纹、线脚。这种梁架构件的巧妙结合和装修使技术和艺术相互渗透，达到了珠联璧合的妙境。这些梁架一般不施彩漆而刷以桐油，显得格外古朴典雅，是徽州人民高格调的文化素养和审美观的反映。

### 4）紧凑通融的天井庭院

徽州民居的基本形式为庭院布局，即由房屋和围墙组成封闭的空间，院内以南向房间为主，东西两侧为辅，中间为东西较长的天井，平面组成口字形，其他平面组成形式均在此基础上发展拼接而成。这种天井在功能上除采光、通风、承接和排除屋面雨水外，还是建筑空间的补充，是与建筑相渗透融合的部分。由厅至院，由院至厅，几乎是一个天地，这与现代建筑的所谓“流动空间”，可以说是不谋而合。天井院又是家庭内向的共享空间，如养花植草、纳凉晒阳、亲朋叙谈，是大家共同活动的地方。同时它还是连接楼梯、过道、通廊及前后其他天井和房间的交通枢纽，并与厅堂一起共同组成了徽州民居的核心部位。

**5）古朴典雅的室内陈设**

徽州民居比较重视室内陈设，它是整个宅院建筑不可分隔的部分，是居民文化生活的表现。室内陈设的突出部分是厅堂，它一般被布置在整栋建筑的中轴线上，是生活起居、亲朋约聚、品茶对弈、吟诗作画的地方，也是重点装饰、注重文采之所。厅堂高悬匾额和中堂字画，摆八仙桌、太师椅。厅堂的柱子则多刻制楹联，其内容多为表示主人的人生处世哲学。

**6）精致优美的雕刻装饰**

皖南民风淳朴，乡民的情趣风尚与审美取向都以自然朴实、端庄大方为上。所有的建筑雕饰，包括砖石雕琢、木作镌刻以及陈设家具，均以石、木材质之本色作饰，不加漆彩，自有一种“淡扫蛾眉朝至尊”的韵味。且朴素无华的砖木本色雕饰与砖石墙壁、木构屋架同色同质、浑然一体，形成和谐的共存，更有一番安然静雅的淡中真趣之美。

## 徽州民居的群体布局

**1）依山临水的自然布局**

徽州为山岗丘陵地，溪河水塘遍布，民居多借助山水布置，不强调一定的几何形式，更没有固定的模式。其依山者因山而建，其临水者沿水而筑，房屋群落与周围环境巧妙结合，形成了优美的村镇风貌。

**2）错落有致的空间变化**

徽州民居的个体平面比较简单，一般都是由天井为中心组成的方形或矩形。但在总体组合上，却有着极大的灵活性，它可以因环境不同而组成各种不同的群体平面空间。在立体空间方面也有较大的灵活性，其正房与辅助用房在层数上常有变化。房屋的进深也多有不同，形成了不同高度的山墙面，加之房屋随地形自然起伏，从而形成了丰富多彩、错落有致的群体空间形象。

**3）幽深宁静的街坊小巷**

徽州民居组群坊里之间多为曲折幽深的巷道，其宽度一般仅达建筑层高的五分之一左右，因此形成了别具特色的深街幽巷，显得异常宁静，生活气息甚浓。这样的布局形式有不少优点：其一，徽州夏季炎热，幽深的巷道可免阳光直射，比较阴凉；其二，这种坊里密度较高，一般住宅区建筑密度均在70%以上，用地十分紧凑；其三，由于街巷狭窄，外来马车难以入内，有利于居住区的宁静安全。当然这种低层高密度住宅也有不足之处，主要是冬季日照卫生条件差，也不利于消防，这是在旧区改造中值得重视的地方。

# 查济古民居与传统建筑观

## ——测绘德公厅屋有感

王文斌、郭艳、曹磊

查济古建筑群——这个皖南最大的古建筑群落、全国重点文物保护单位，对于我们来说既熟悉又陌生。在大一的那次实习，面对那些中华传统建筑的瑰宝，我们只有新奇和无助。现在看来，当初没有认识其伟大，实属遗憾。相隔一年多，我们再一次在金秋十月来到皖南查济，没有了新奇和无助，却多了几份理性的思考和深深的感叹。

查济古民居除了具有优美的环境、典雅的建筑造型，还有那独特的室内外空间。查济的老祖宗用他们的勤劳智慧营造了这一切，我们都被深深地折服了。特别是明代建筑的砖雕艺术之精湛，让人惊叹不已。这次我们测绘的德公厅屋就是一例。

### 古建筑空间处理

计成在《园冶》中说："轩楹高爽，窗户虚邻，纳千顷之汪洋，收四时之烂漫。"就是形象地表达了建筑空间和无限的大自然息息相通。把建筑空间和自然沟通汇合融为一体，是中国传统建筑观的精髓。查济古民居也不例外，这一点在我们今天的建筑设计中很值得借鉴，特别是它把室外空间的一部分与室内空间联系起来。德公厅屋的空间处理很巧妙，从正门进入是一个一字形天井，它与正屋相连，实际上是大自然的一部分，它是每户人家最为活泼的空间，处理手法也丰富多彩。天井中有的以种植为主题，有的以盆景为主题。德公厅屋的正屋向后走到屋后，是一个二进天井，主要以盆栽为主。晴天，阳光从树枝的间隙里洒下星星点点的光影；雨天，水珠沥沥而下，让人对大自然充满了想象。这种天井的处理手法，让处于室内的人，真正地感到空间延伸出去了；而站在院内，又会感到和室内连成一片，总是给人充满活力和生机盎然的感觉。我们认为：无论是波特曼的"共享空间"，还是贝聿铭的"四季厅"，都是室内模拟一个自然的空间，这种"灰空间"，其实就是一种过渡空间，从建筑实体—空间—环境的序列来看，这种空间是建筑与环境联系的纽带。如德公厅屋，从街道—大门牌楼—头进天井—厅堂—头进后门—二进天井—后堂屋—后进后门—后园，这是一种室外空间和室内空间、明和暗、开敞和封闭的不断交替转换的动态延续。它既有对比，又有呼应；既有节奏，又有韵律的一个空间序列。正如现代建筑大师勒·柯布西耶所提倡的理论，即：空间序列中人流的延续性和空间艺术的完整性。从这一点上看，我们的祖先在建筑方面的研究是多么的深刻。另外，当我们进入天井时，第一印象就是这么狭长的天井能达到其功能要求吗？仔细一看才明白，德公厅屋左右厢房的天井与正屋厅堂的天井是相通的，与后厢房也相通。这样空间的互相渗透避免了狭长感，使流动性增强了，又显得精致多变，尺度宜人，非常亲切。其手法之高明，着实让人折服！

## 古建筑实体与环境的协调

讲到室内外空间的处理，不能不讲到室外大空间——建筑的周边环境。这方面，查济人立足于小桥流水人家的总体布置，依山取势，傍溪而建，尽力营造一个世外桃源般的栖息地。在查济，街街巷巷都流传着一首诗："武陵深处是谁家？夹河两岸共一查。渔郎不怕漏消息，还约明年来看花。"可见当年查济人是如何享受着世外桃源般的生活。查济村背靠大青山，有三条溪水（许水、石水、岑水）穿村而过，其上架有108座石桥。这些溪桥的来历都有动人的故事和传说。正如清人笪重光在《画筌》中写道："山本静，水流则动；石本顽，树活则灵"。试想，这溪水两岸白墙黑瓦的建筑实体是静的，但桥下的水是动的，再加上人，就有了灵气，这样就构成了一幅生动的画面。静中有动，动中有静。小桥、流水、人家，古道、白墙、黑瓦，绿树、蓝天、飞雀……这是何等的景象！能不让人驻足忘返吗！德公厅屋就依着许溪而建，整个建筑向溪水上游取势，有一定的高差，这与厅屋两面高大的马头墙形成呼应，就更显得出其气势宏大；另一方面，任何事物都是相对的，没有绝对的，环境也是这样的。当德公厅屋是主体时，它边上的小民居也是一种"环境"了，这种环境具有陪衬作用，这样一来，就更显得其厅屋的气势。这点查济先人运用得很好，在总体布局上很有侧重点，不仅德公厅屋是这样，保存完整的洪公祠更是这样。洪公祠最显著的特点就是依山取势，把建筑的实体伸入到青山绿树之中；反过来说，它又把大自然中的景"借"到自己室内。这种建筑思维对我们这些初学建筑的人来说很重要，我们要从中学习古人是如何尊重大自然、尊重环境的，又是如何把人造的建筑实体与大自然的造化完美结合的。不像我们现代人完全生活在钢筋混凝土之中，恰恰相反，古人那种村溪、石径、深巷、重门、黑瓦、粉墙无不给人一种朴素大方的感觉，正如凡·艾克所说："建筑要增加人们的归属感，这应是人类所珍视的。"查济古民居无不流露出亲切温馨之感。另外从美学方面来看，无论是从单体，还是从整体上看，它都符合古典美的法则。从民居建筑的立面来看，鳞次栉比的一幢幢单体，跌落又升起的一阶阶马头墙，街巷中一重又一重的卷门洞，一个个既统一又有变化的门罩门楼，地上一块块长方形的大青石板等，无一不具有韵律美和节奏感。从远处眺望查济，在一片绿海中洒落着星星点点的白色，这难道不是给大自然赋予点缀作用吗？正是这一点，它不但没有破坏大自然的环境，而且给大自然添色不少。我们的前辈早就说过"古为今用"，我们是要好好地向古人学习了。

## 古建筑功能分区

古民居不仅与外部空间处理得很好，而且内部的功能关系也比较明确，很是符合当时的人文环境和历史背景。如德公厅屋的功能分区，把其中主要部分——厅堂，放在中心位置，厅屋是一家族供奉祖宗牌位、祭祖、集会的地方，很是重要，然后是后面的五间厢房，是长辈的住处，放在整个建筑的中轴线上，两边的厢房次之，这些部分通过天井和马头墙分隔开来，反映了当时的思想观念——封建家族的伦理尊卑思想在人们的心中影响之深，可见一斑。

一个家族有重大事情的时候，其中每户人家就派一位家长到厅堂中进行商讨。其厅屋只有一层，中间屏风分隔前后，屏风两边上面是祖宗牌位龛。两边厢房内部的功能关系分得比较细：中间堂心是接待客人的地方，左右两边厢房是卧室，厢房二层阁楼是储藏室。而这些空间通过外廊相联系，外廊外墙窗台有 1.5 m 高，上面是木格子直楞窗，这些窗子可让廊子的作用发挥得淋漓尽致，既私密又开放，既朴素又大方。

## 古建筑的细部处理与结构

一幢建筑的成功与否，与各个细部都是相关的，组织排水也很重要。德公厅屋的排水系统一目了然，四通八达。前天井内的排水沟与左右后三面厢房的排水沟是相通的，从平面上可以看出：它的排水系统是先把水汇集到后面，再排到邻近的许溪中去。大门前看不到排水沟，这跟人们的门面思想有关。这一点特别体现在柱础的处理上，所有柱础露在外面的部分都进行了细心的雕琢，这也体现了实用与美观的协调一致。这对我们不无借鉴作用。它的雕刻不只是为了雕刻，总是与建筑的结构联系在一起。德公厅屋最有特色的就是月梁和砖雕。月梁下面的雀替雕刻实在是精美，但不只是为了美观，还起着结构上的作用，它缩短了梁枋的净跨距离。更可称为一绝的是砖雕艺术，德公厅屋大门楼的背立面有三层砖雕：第一层是“二龙戏珠”，第二层是“双狮戏球”，第三层是“鲤鱼跳龙门”，这些精美的砖雕与门楼相得益彰，一同展现显赫的门第。

结构上，古建筑主要是木结构。由于古建筑结构比较庞杂，这里不可能一一说清。只能以德公厅屋为例简单阐述。德公厅屋的厅堂主要是抬梁式的，两边山墙也有穿斗的。厢房中，跨度大的堂屋用的是抬梁式，其他是穿斗式。特别具有明代特色的是厢房二楼的内山墙是用竹子和泥巴编砌而成，这种简单明了的做法在当时很受欢迎。由于古民居的这种结构特点，有了“墙倒屋不塌”的说法。也正是当时技术水平的限制，木材的易加工性使得木材的使用达到了炉火纯青的地步。仔细想一想，为何皖南古民居能达到如此辉煌的地步，这是值得深思的。

通过这十几天的实习生活，我们亲身感受到了查济古民居那种浑厚的底蕴。古民居所表达和折射出来的中国传统建筑观，强调了人造与天然这一对矛盾的相互依存，而不是相互排斥；相互转化而不是相互僵持；相互补充，而不是相互割裂。查济的先人们把建筑实体与空间、实体与环境之间结合得相得益彰。作为具体、客观的查济古民居，它有我们今天创作手法上的许多借鉴之处，我们应该充分运用所学的专业知识去认识、了解、解读古民居，去不断完善自己的建筑理念，继承和发扬博大精深的传统建筑文化。

# （二）测绘图

测绘图是实习最重要，也是最先应获得的成果。它是对所测建筑深入认识和掌握的开始，也是打开古建艺术宝库的钥匙。

## 陈村翟作梅宅

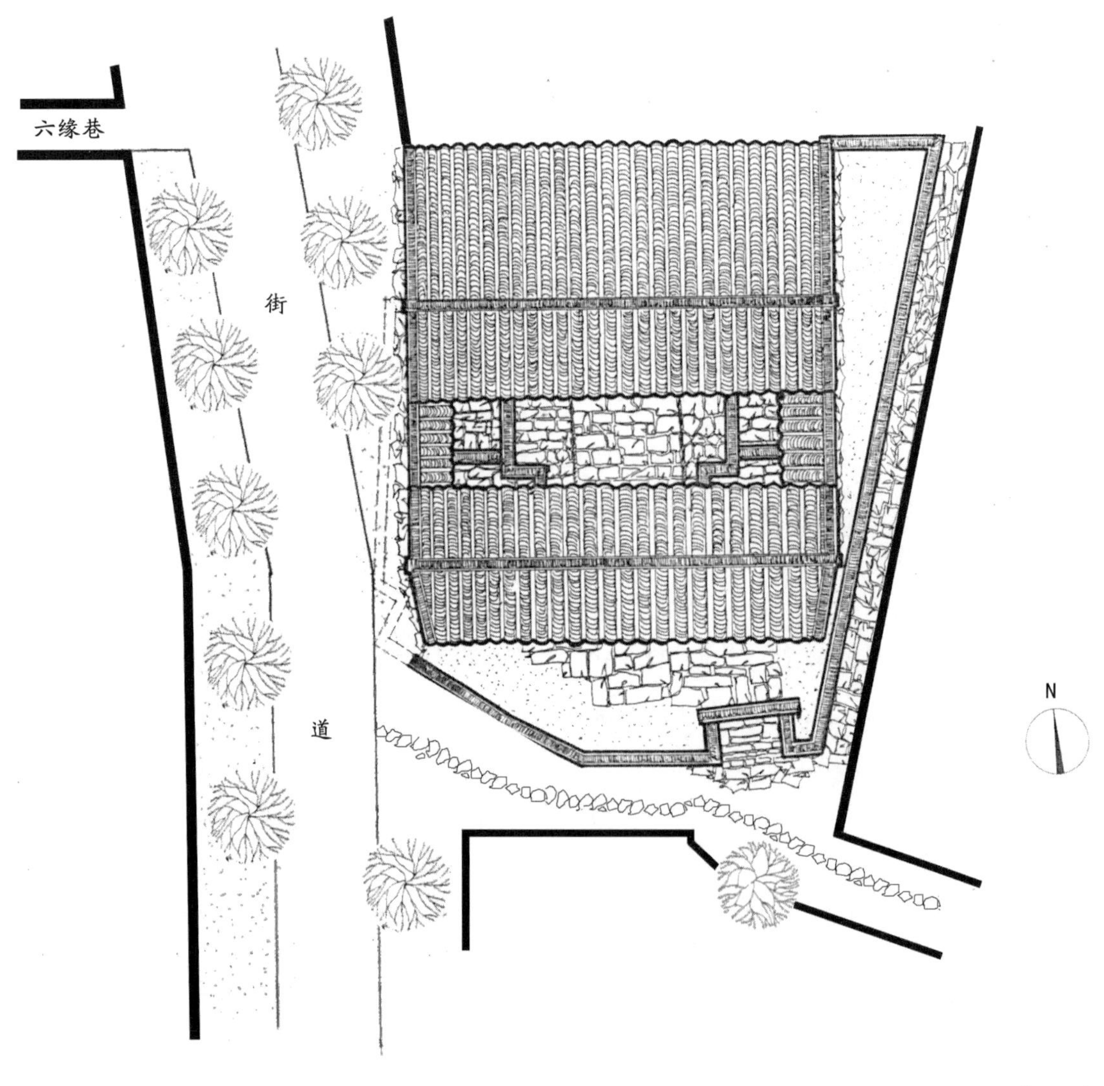


总平面图

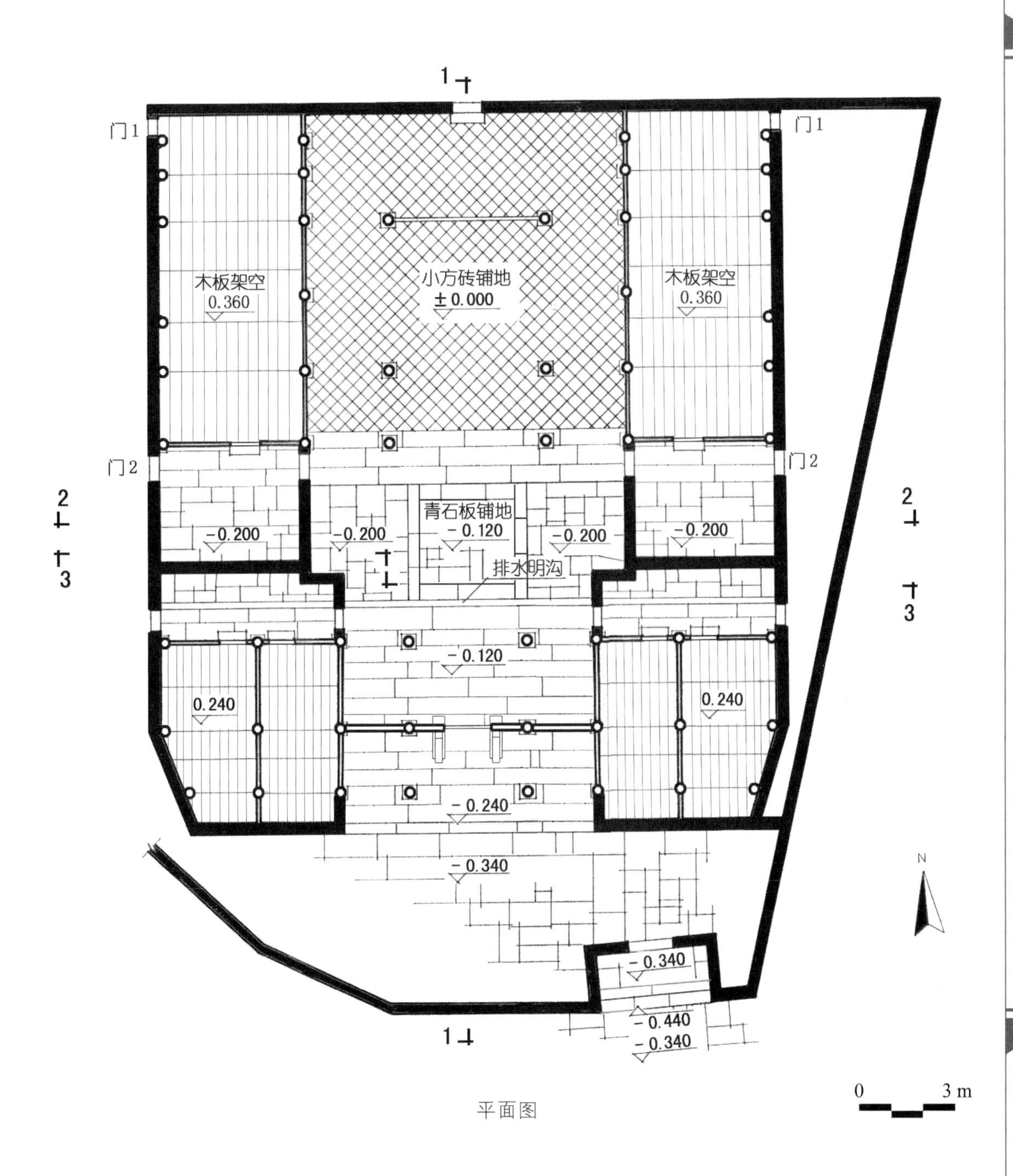

1
门1
门1
木板架空
0.360
小方砖铺地
±0.000
木板架空
0.360
门2
门2
2
3
2
3
-0.200
-0.200
青石板铺地
-0.120
-0.200
-0.200
排水明沟
-0.120
0.240
0.240
-0.240
-0.340
N
-0.340
-0.440
-0.340
1
0
3 m


平面图

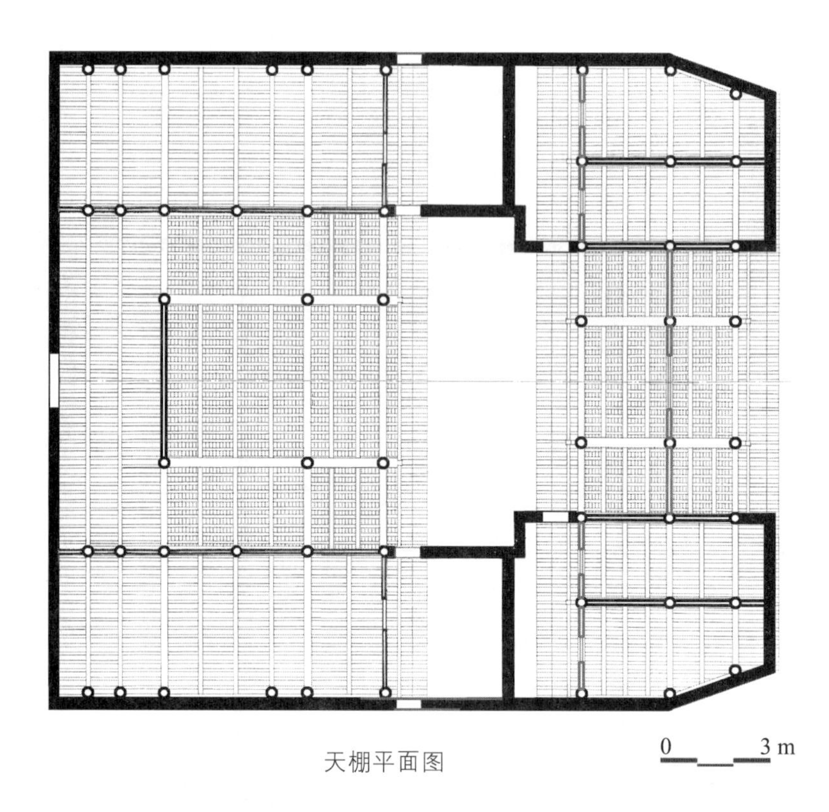


天棚平面图

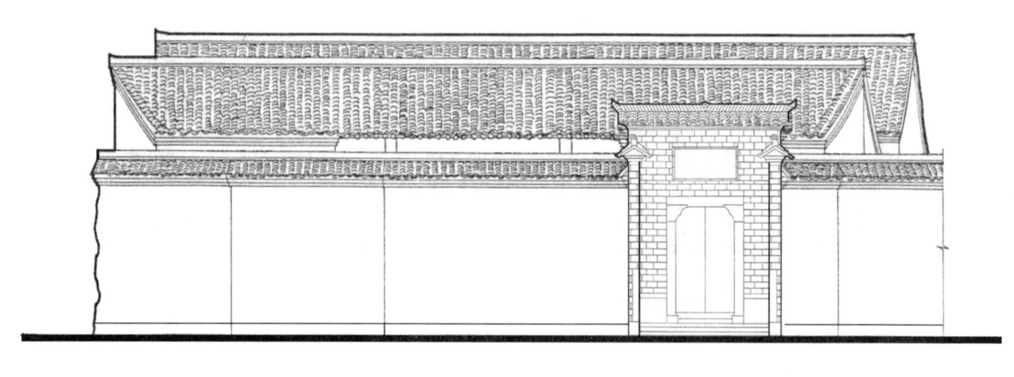

南立面图

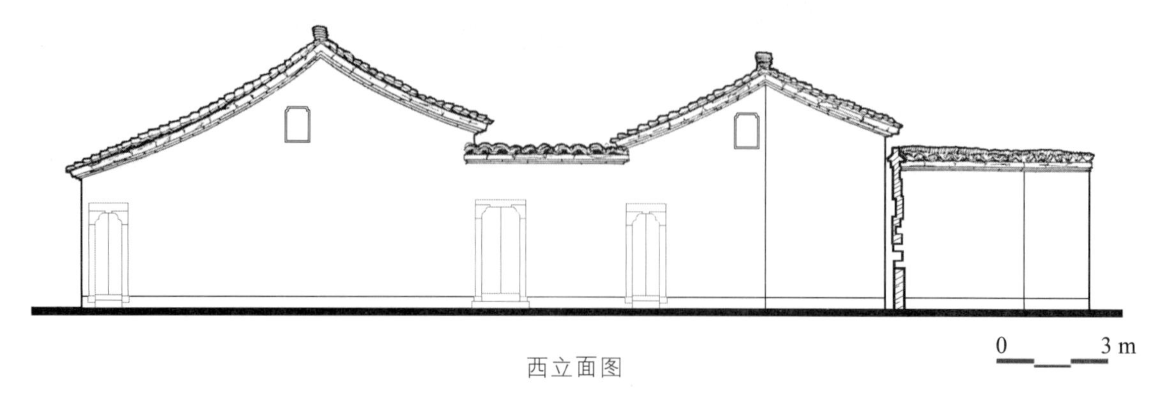


西立面图

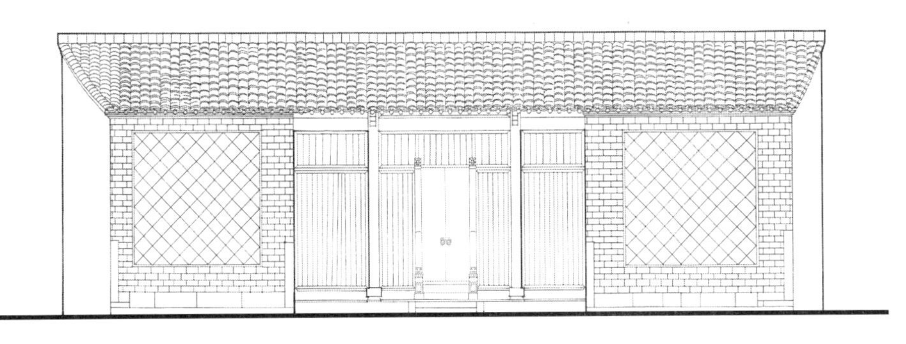

前院正立面图

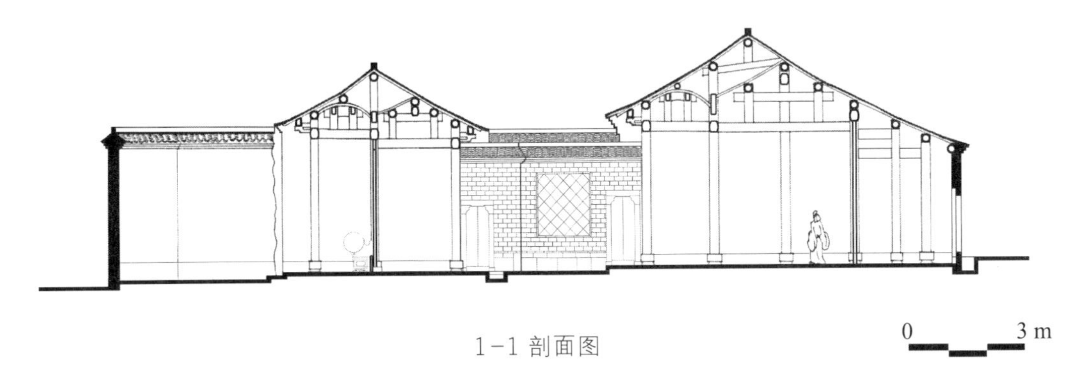


1-1 剖面图

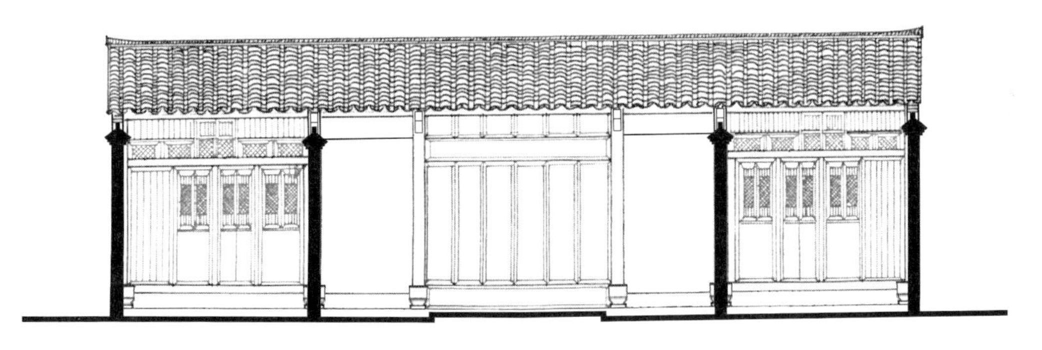

2-2 剖面图

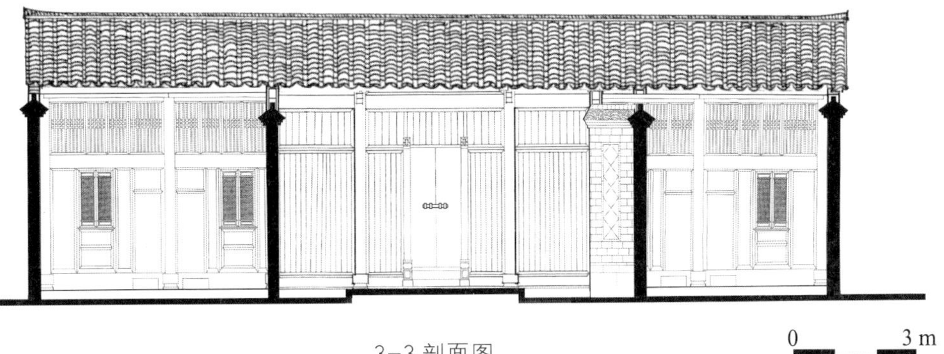


3-3 剖面图

门窗隔断

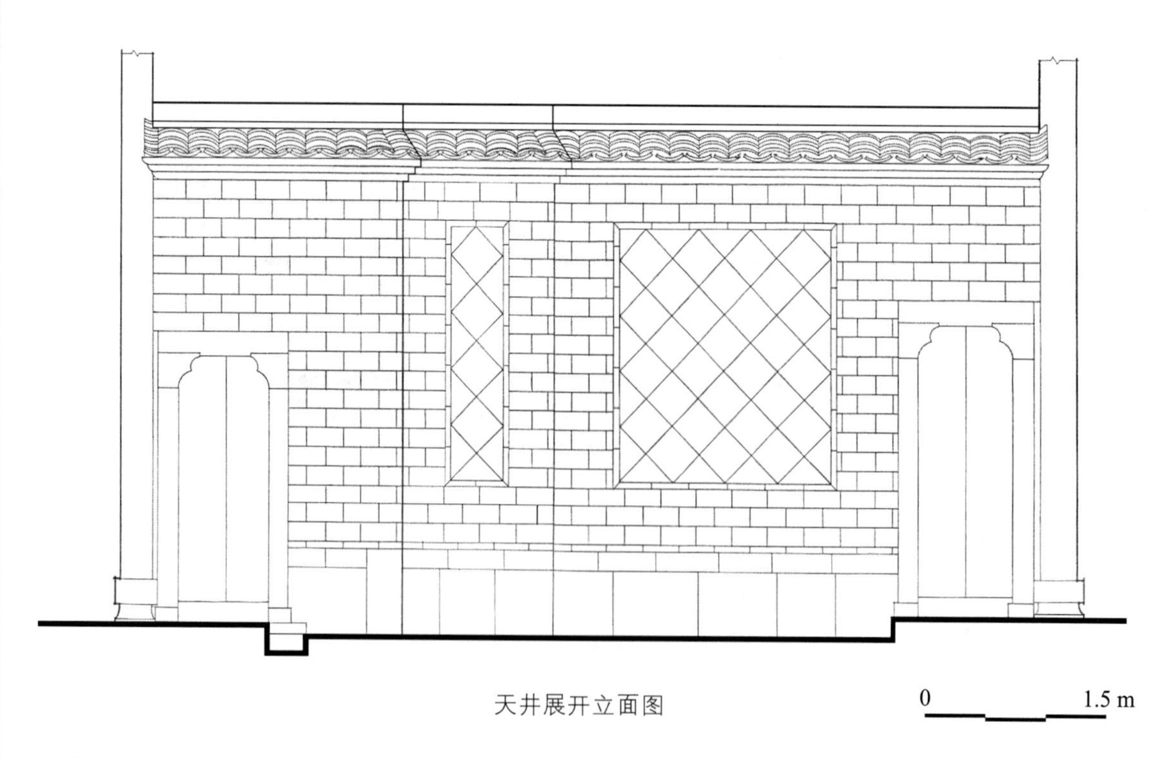


天井展开立面图

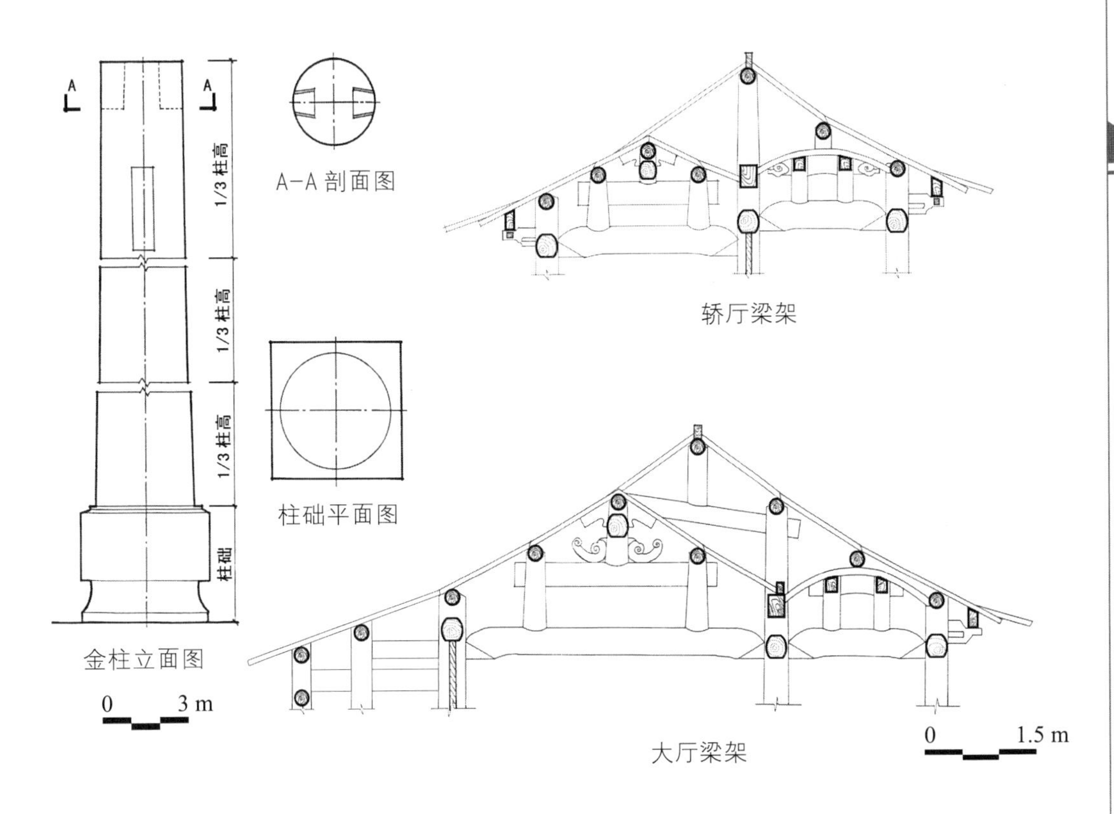


A-A剖面图

柱础平面图

金柱立面图

轿厅梁架

大厅梁架

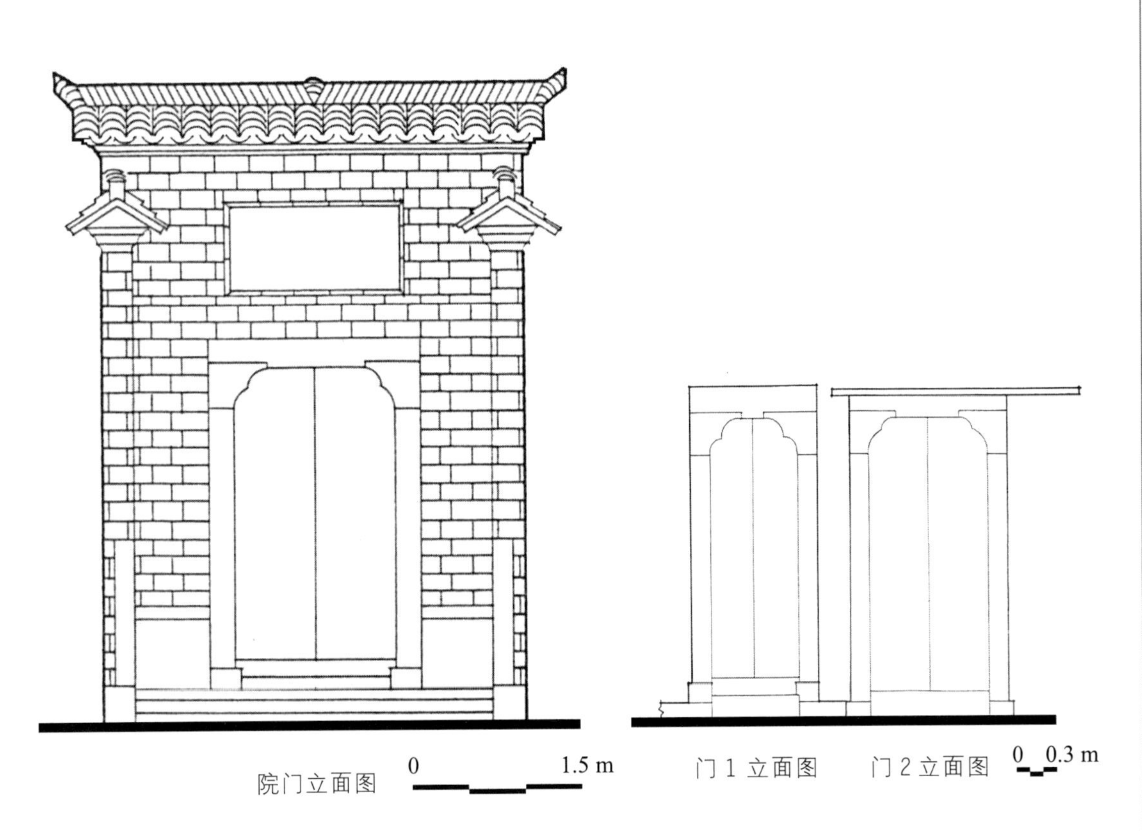


院门立面图

门1立面图

门2立面图

## 云岭新四军战地服务团旧址

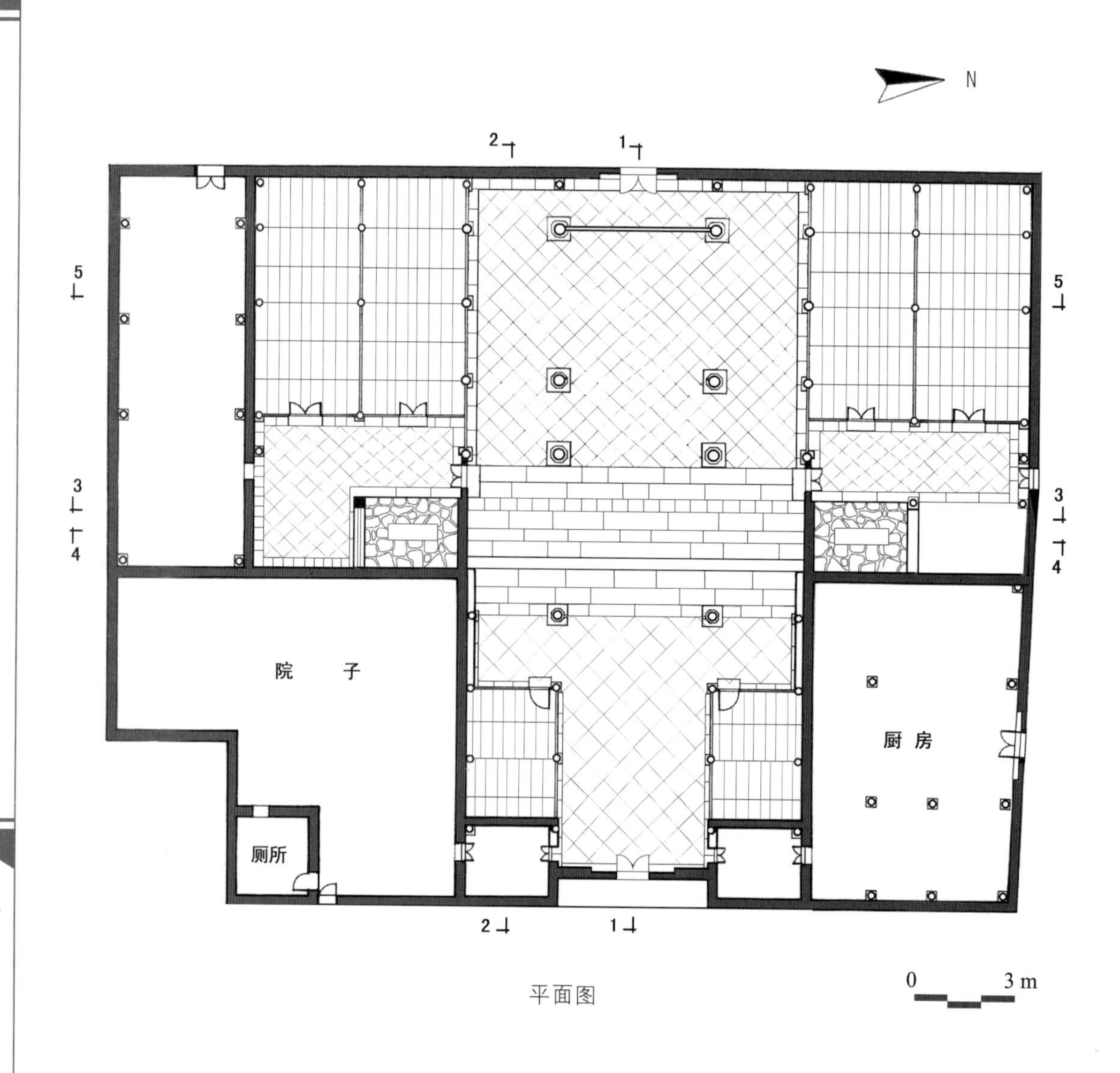


平面图

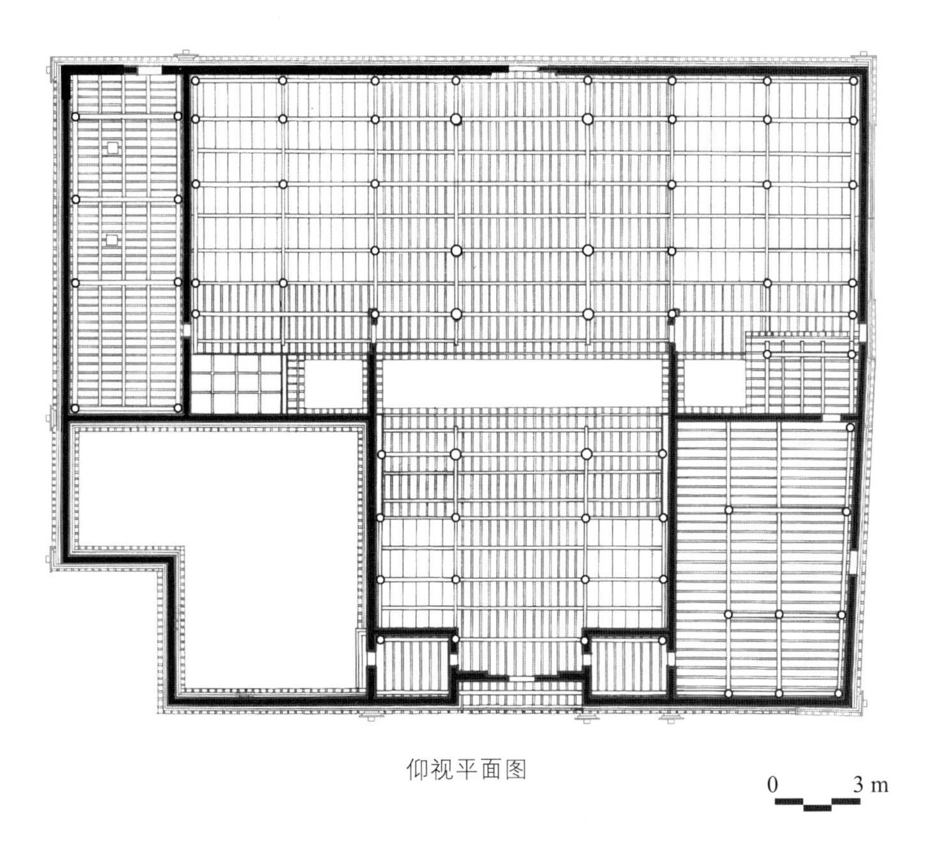


仰视平面图

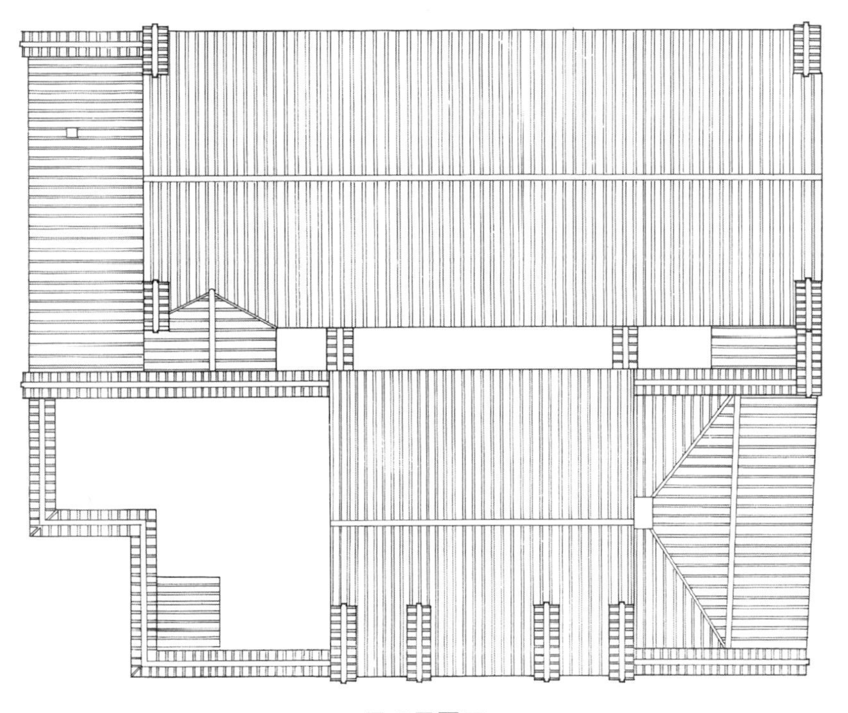

屋顶平面图

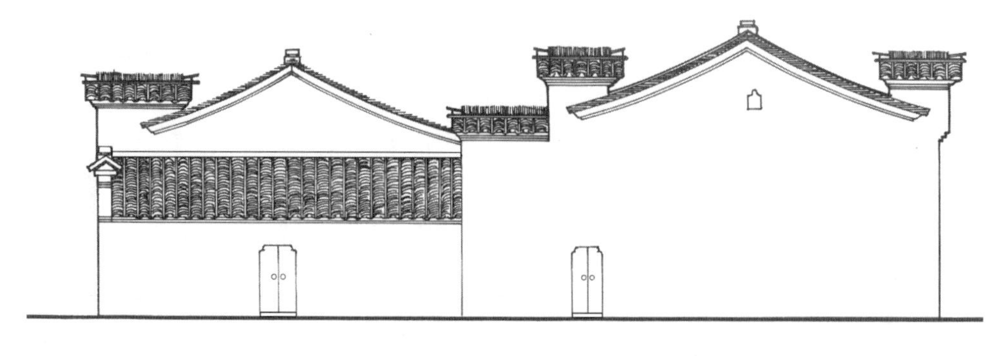

北立面图

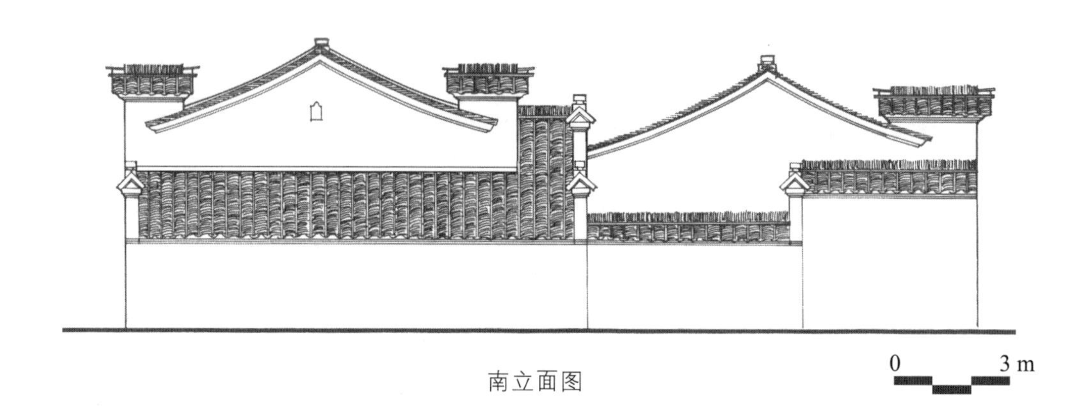

南立面图

0 3 m

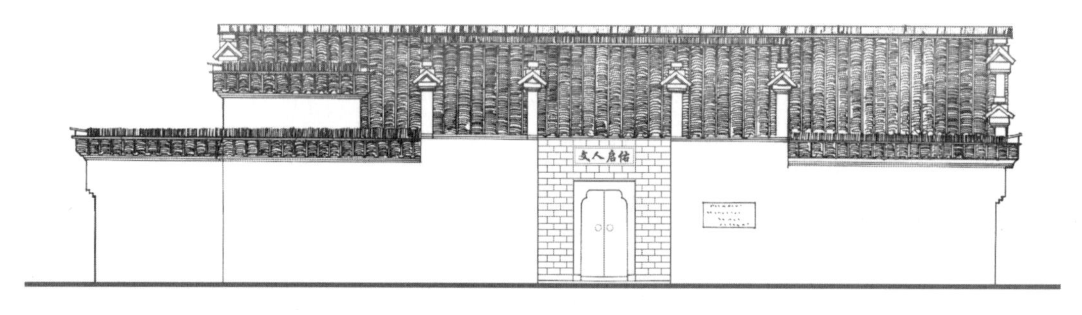

东立面图

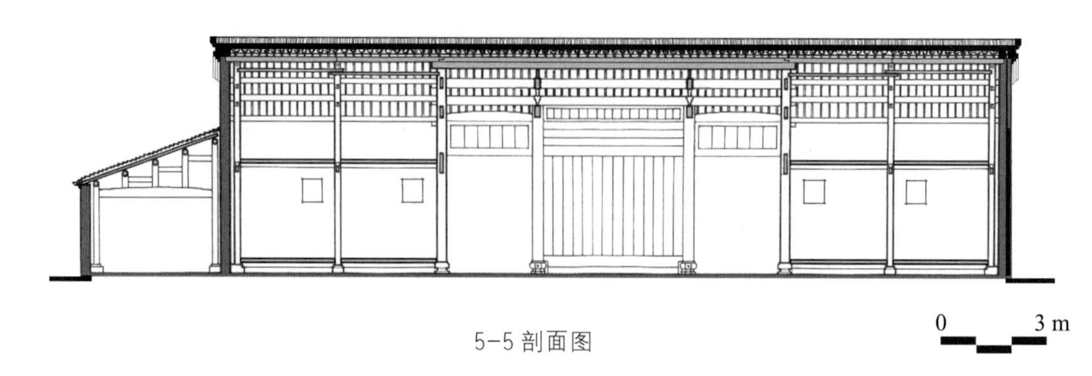

5-5 剖面图

0 3 m

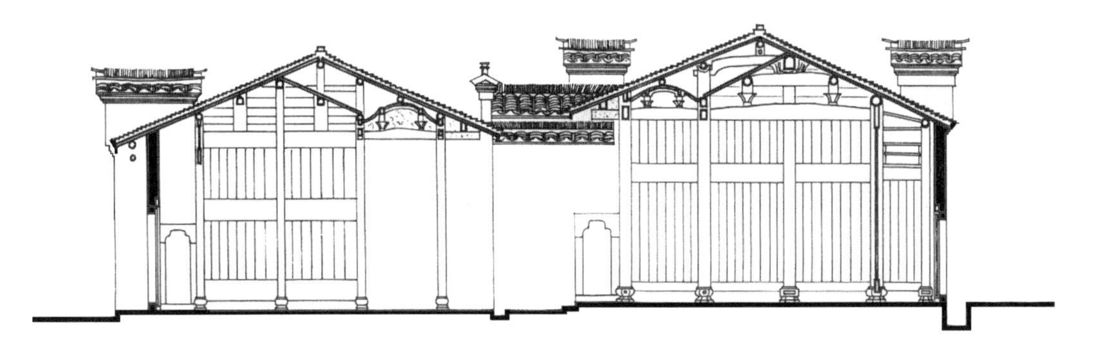

1-1 剖面图

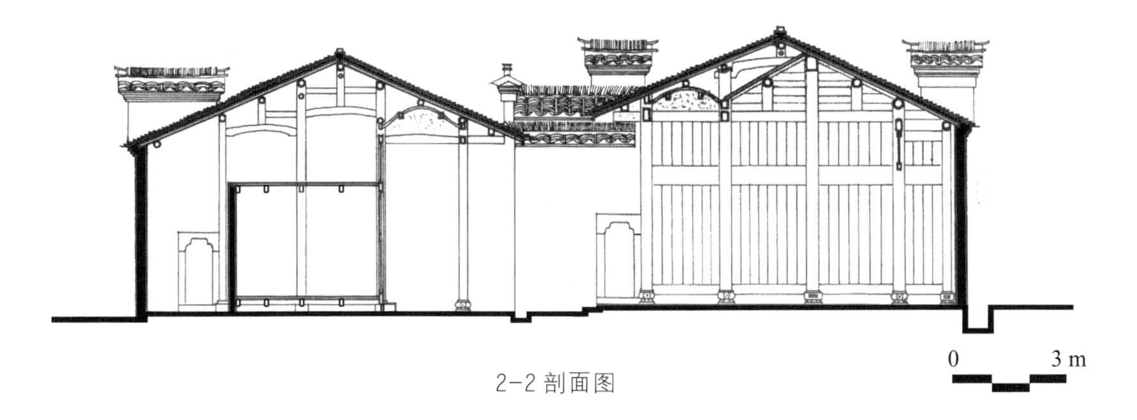


2-2 剖面图

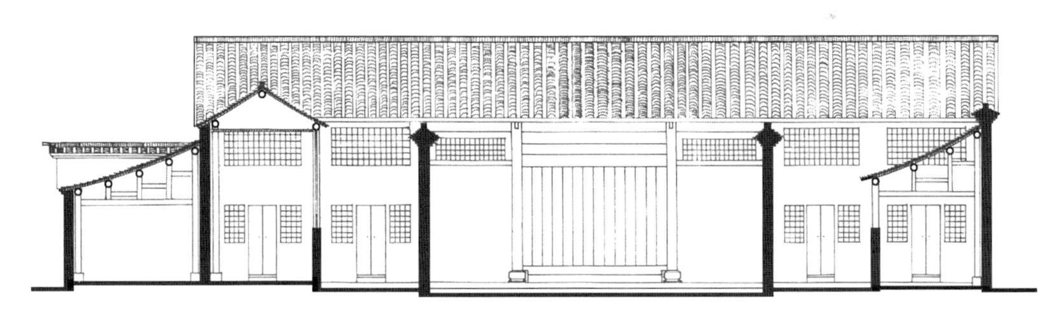

3-3 剖面图

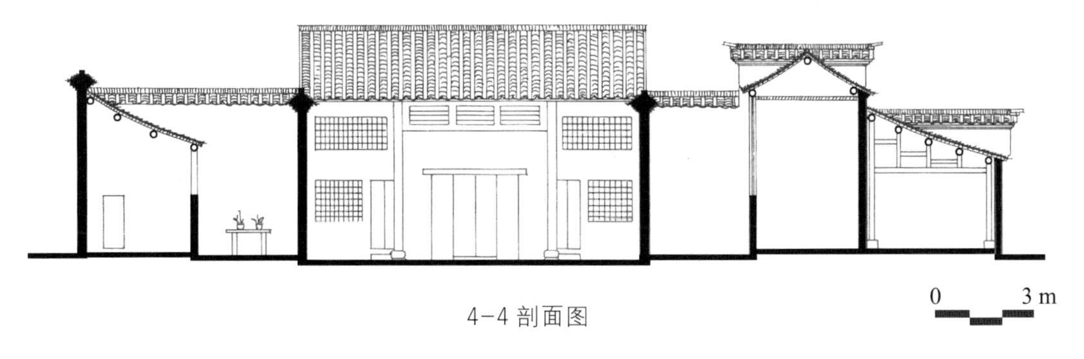


4-4 剖面图

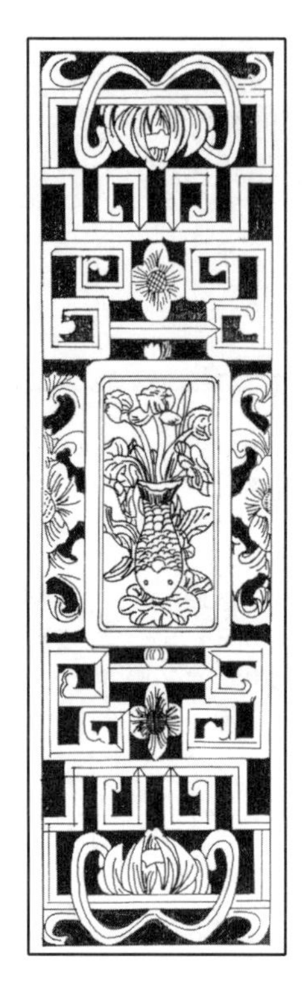

门扇雕刻

通风孔四例

# 茂林中田庐

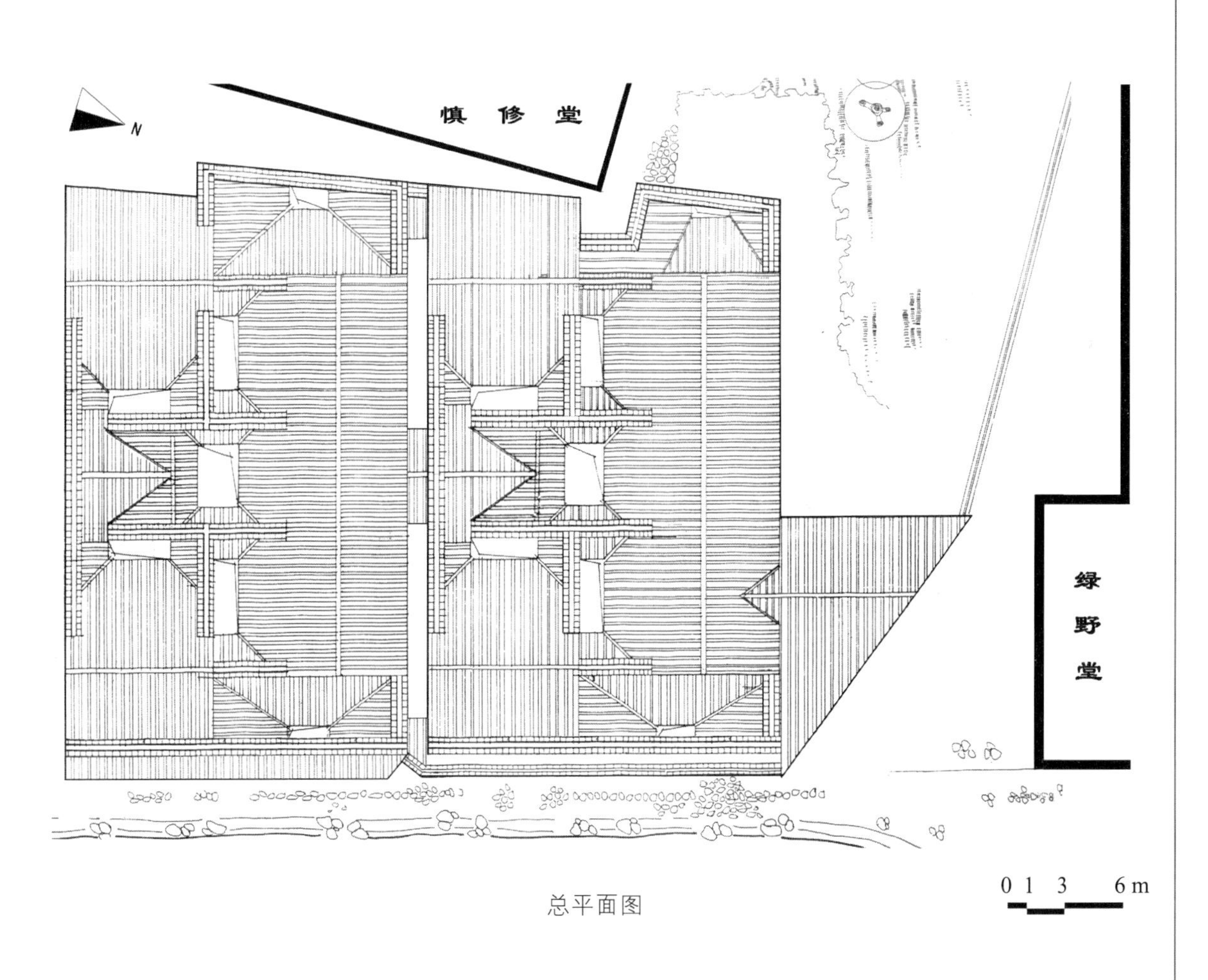


总平面图

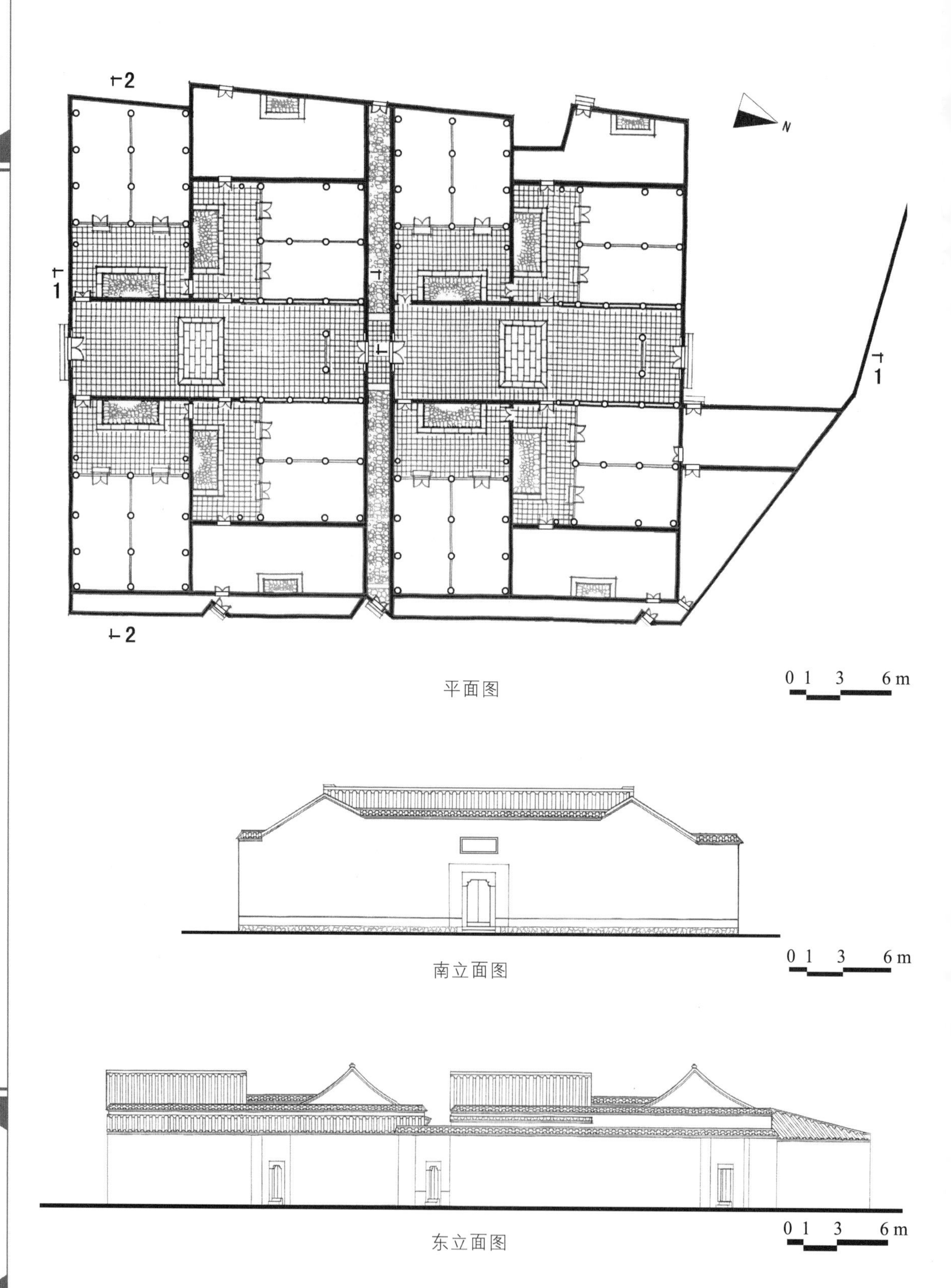


平面图

南立面图

东立面图

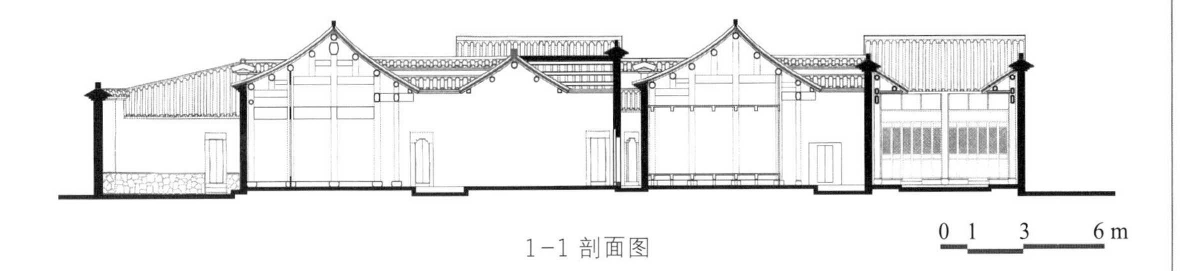


1-1 剖面图

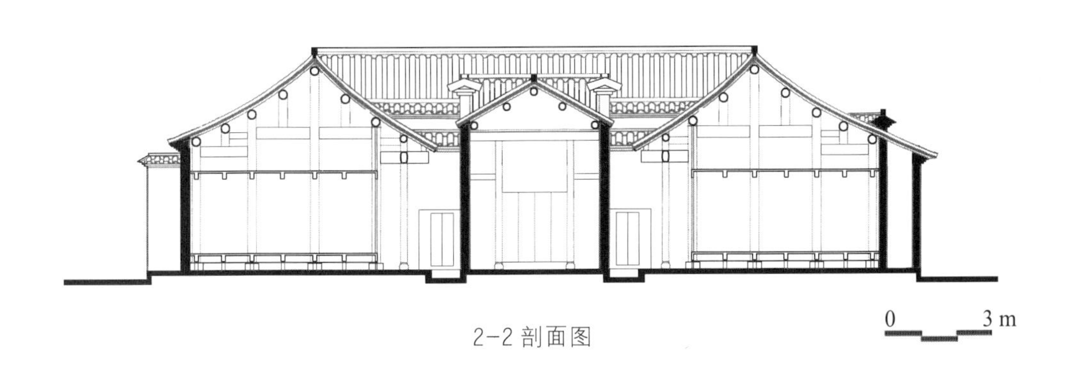


2-2 剖面图

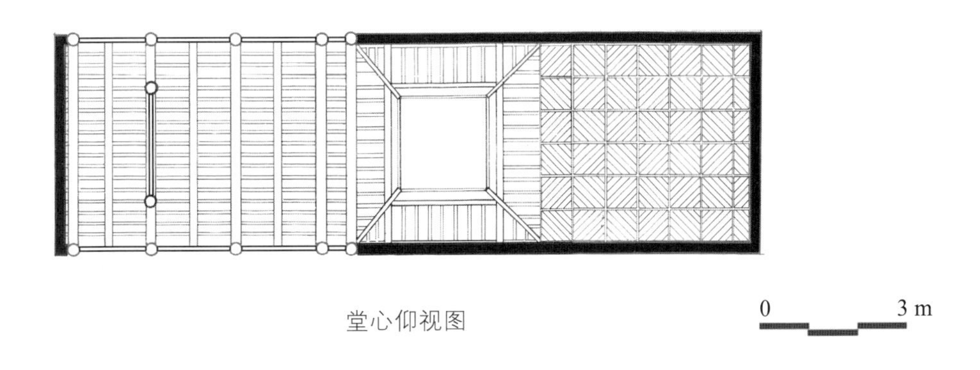


堂心仰视图

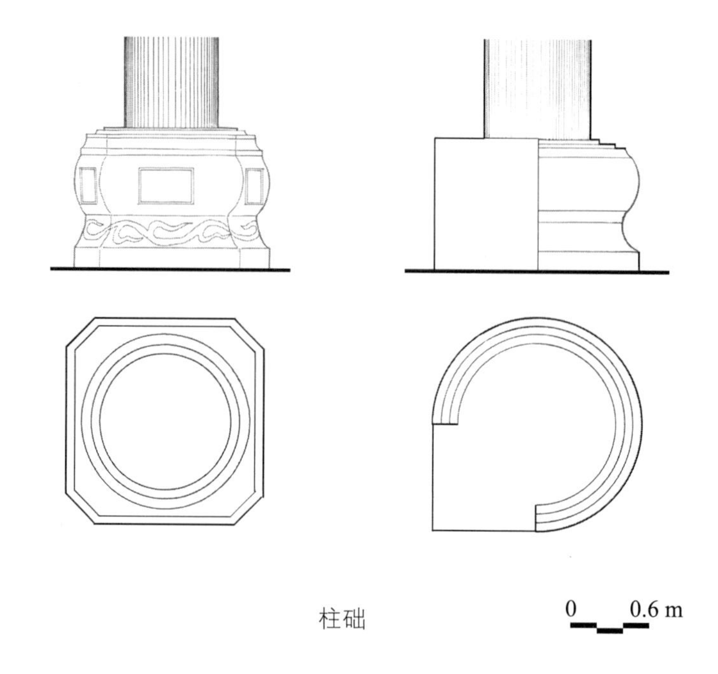


柱础

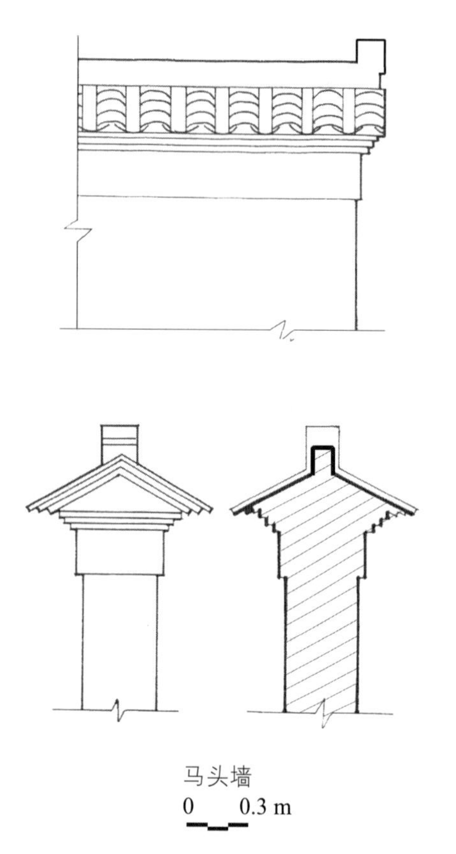


马头墙

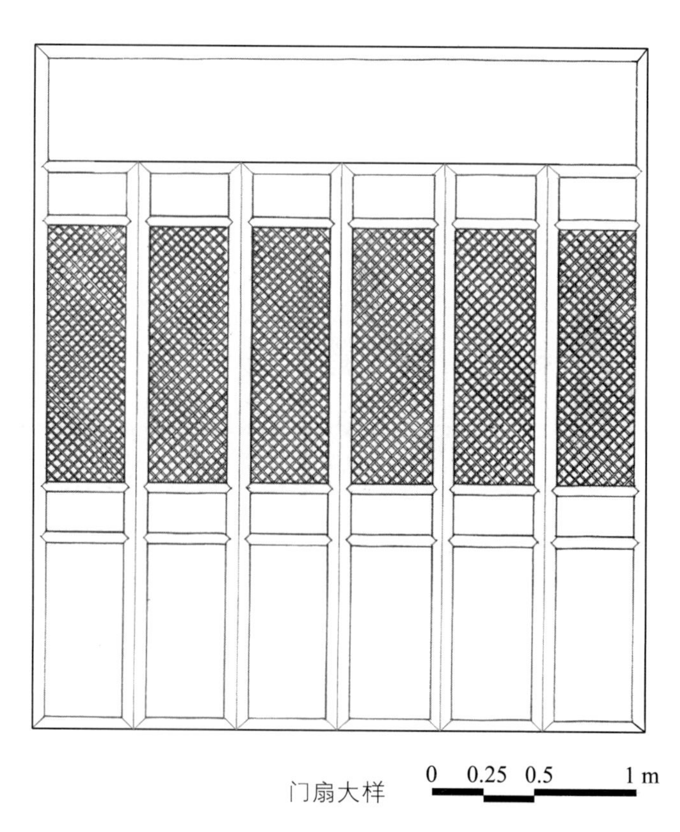


门扇大样

## 查济诵清堂

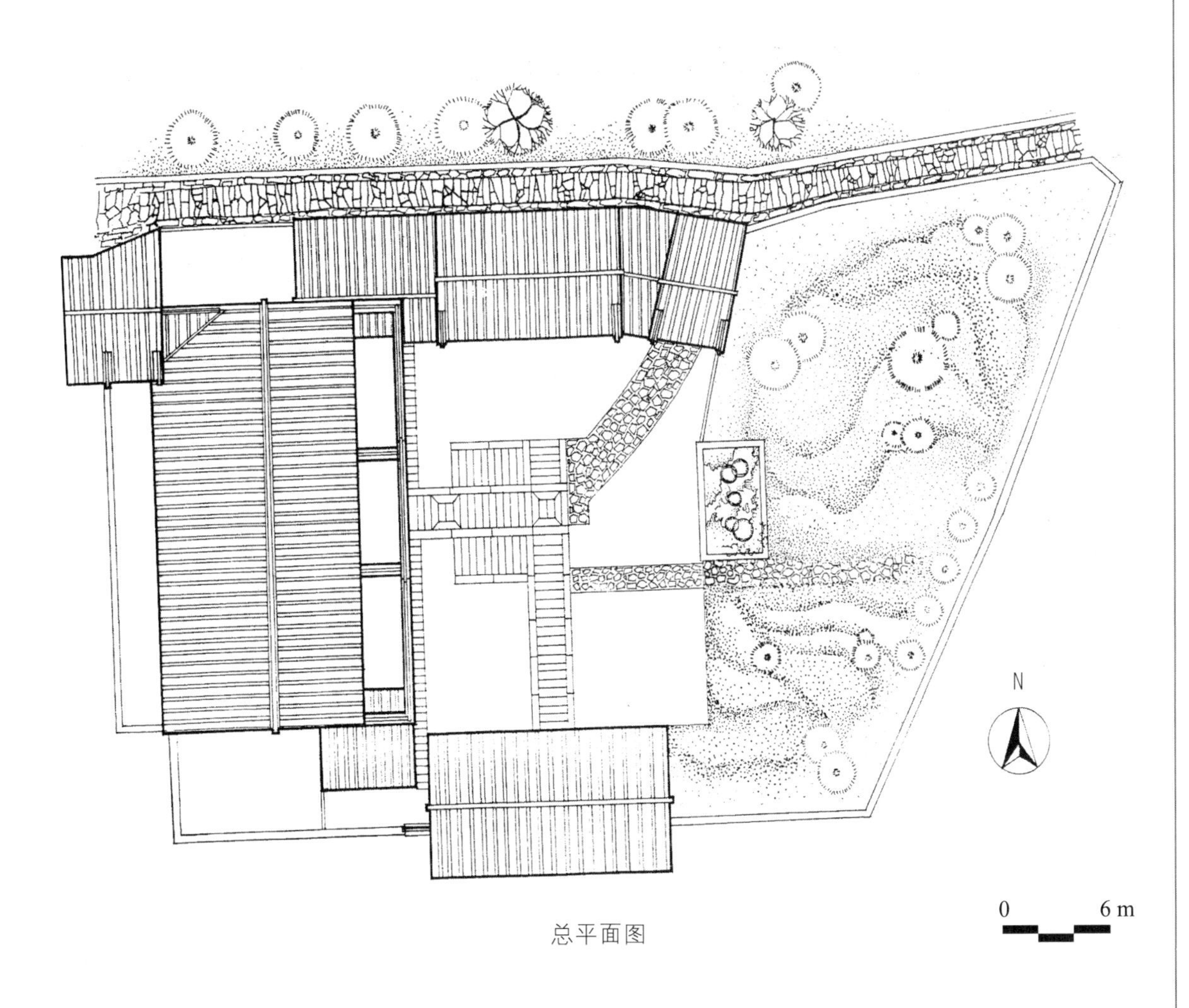


总平面图

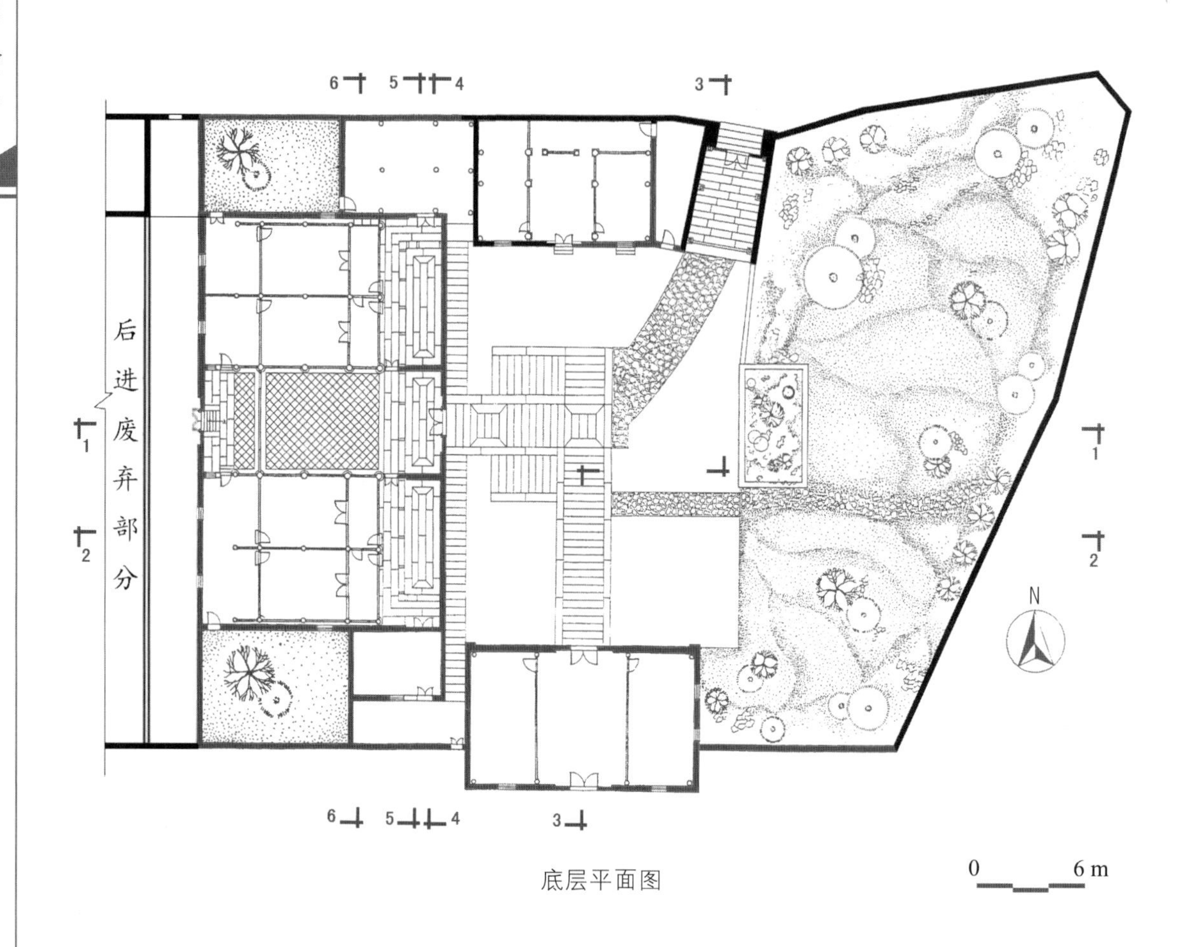


底层平面图

0 6 m

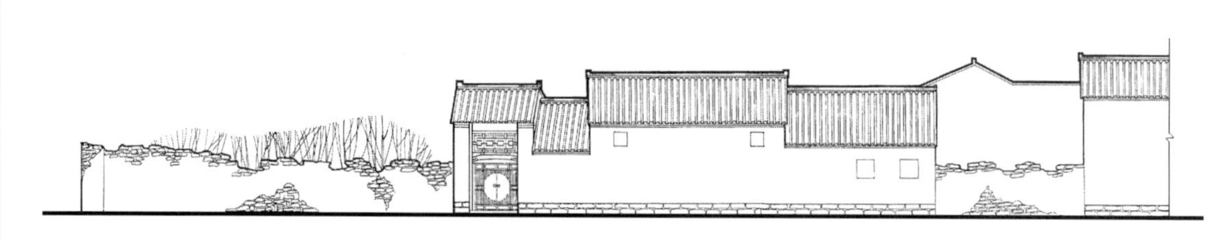

北立面图

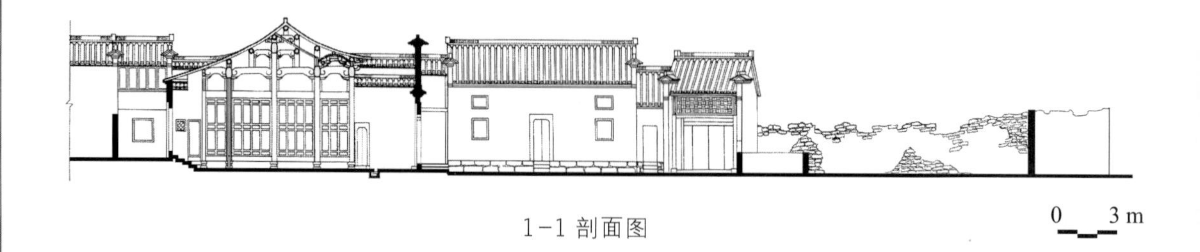

1-1 剖面图

0 3 m

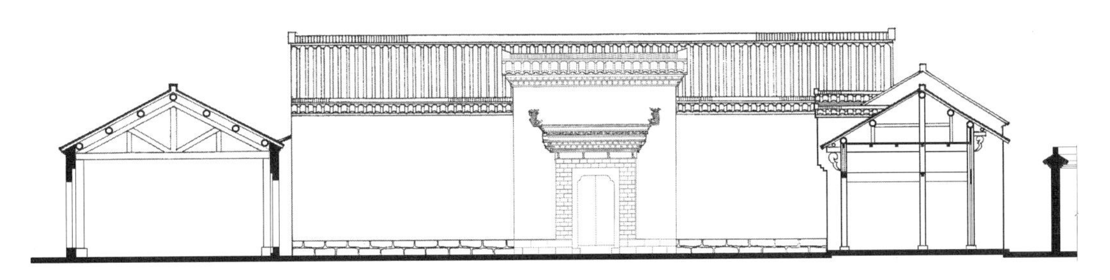

3-3 剖面图

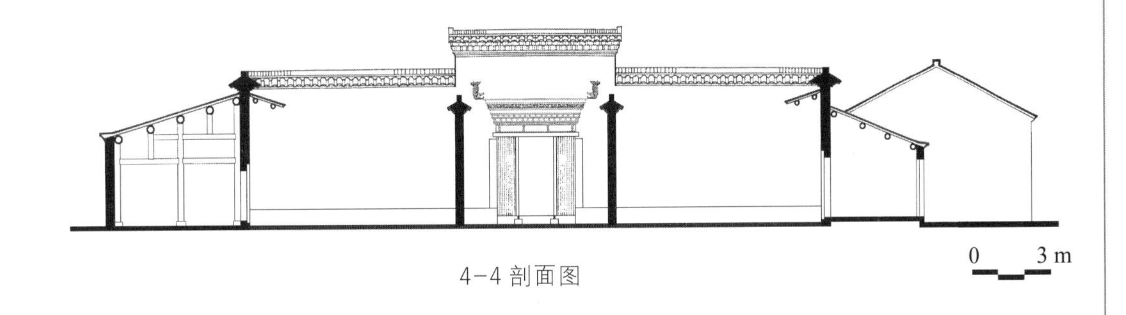


4-4 剖面图

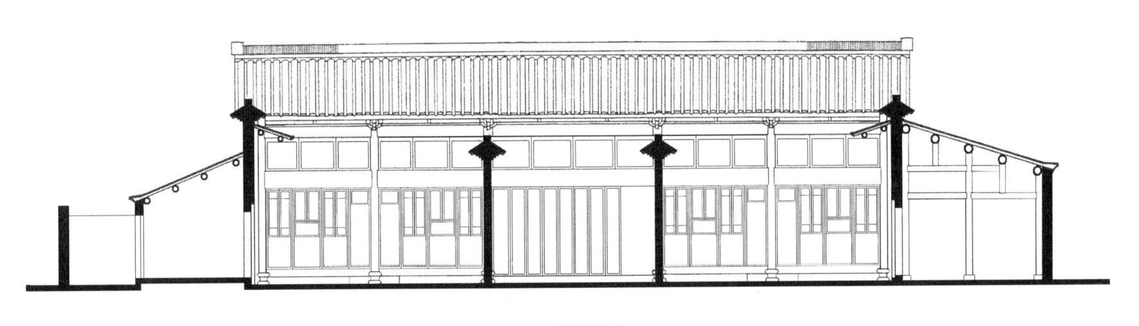

5-5 剖面图

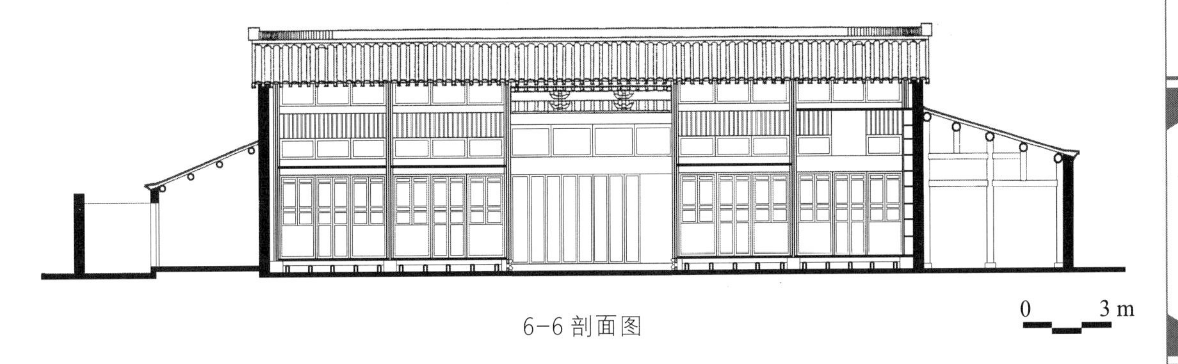


6-6 剖面图

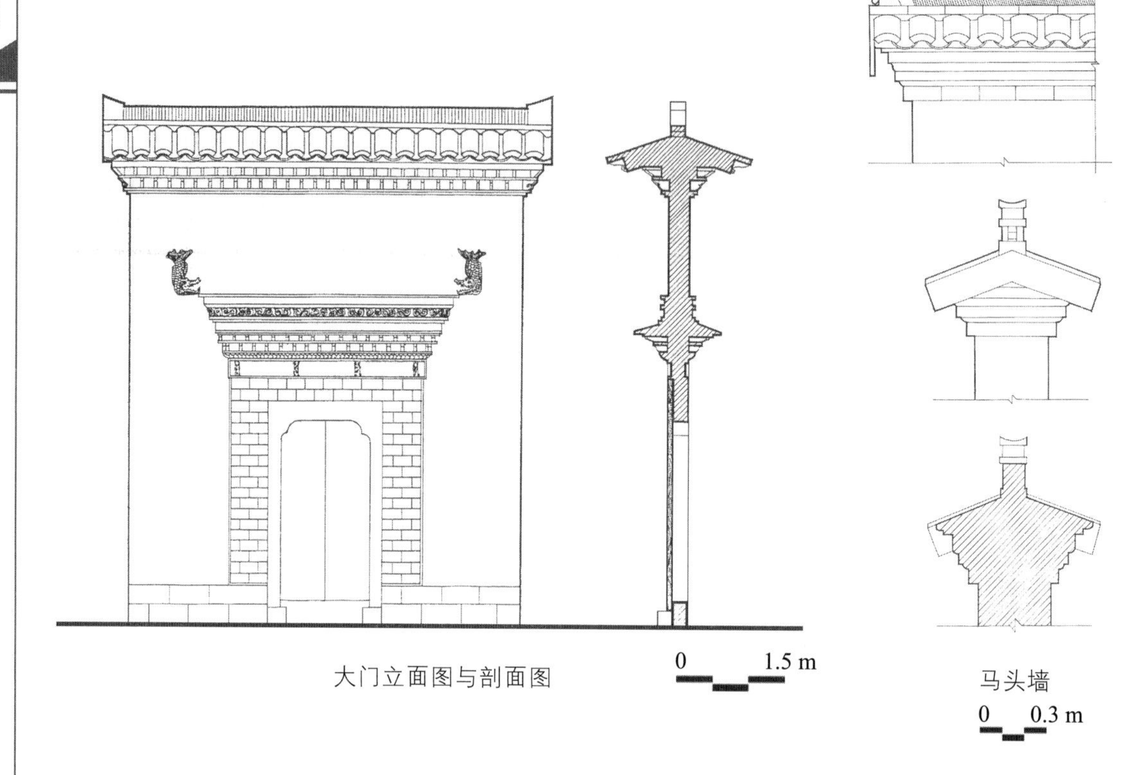


大门立面图与剖面图

马头墙

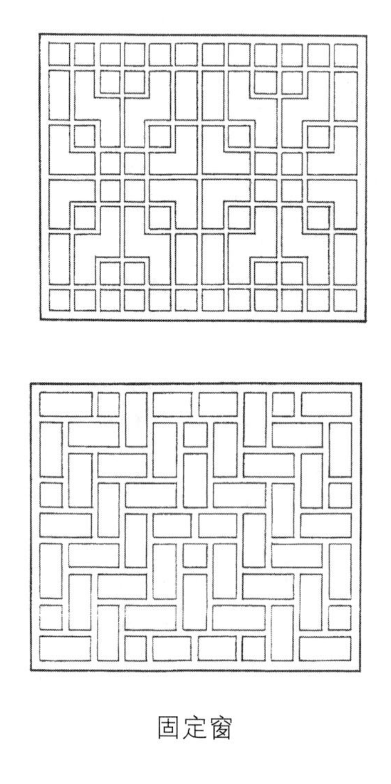

固定窗

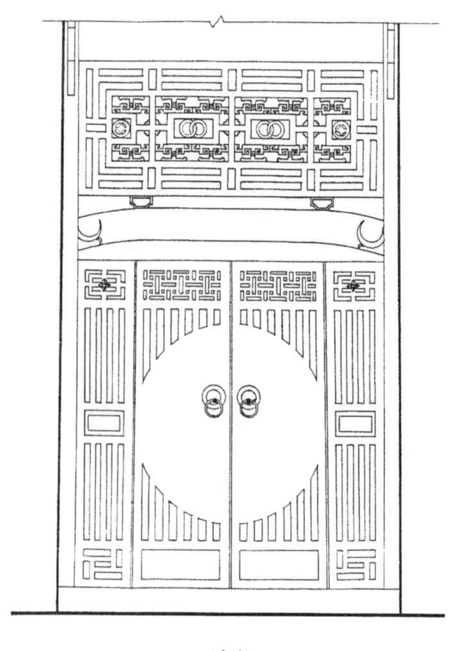

院门

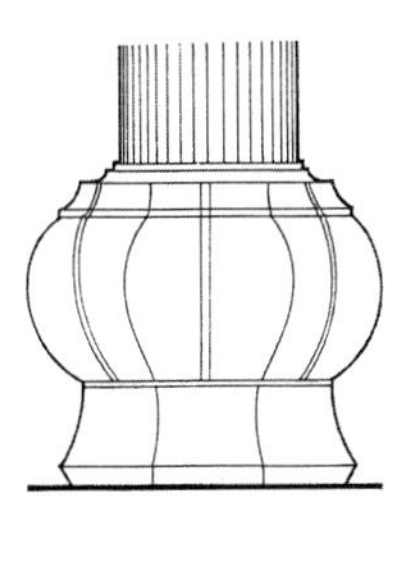

柱础

0 0.6 m

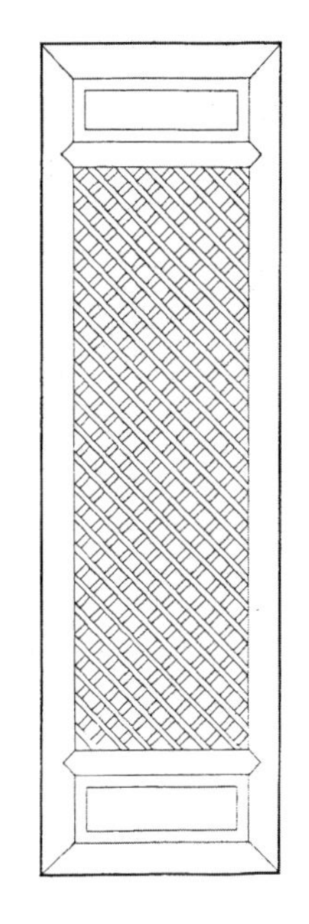

窗扇

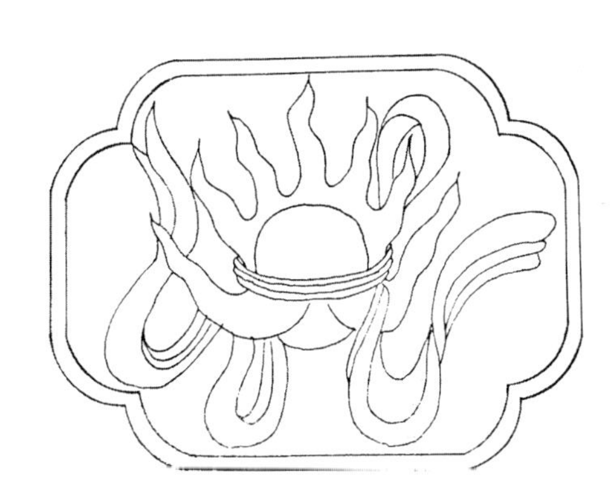

拓片

## 查济二甲祠

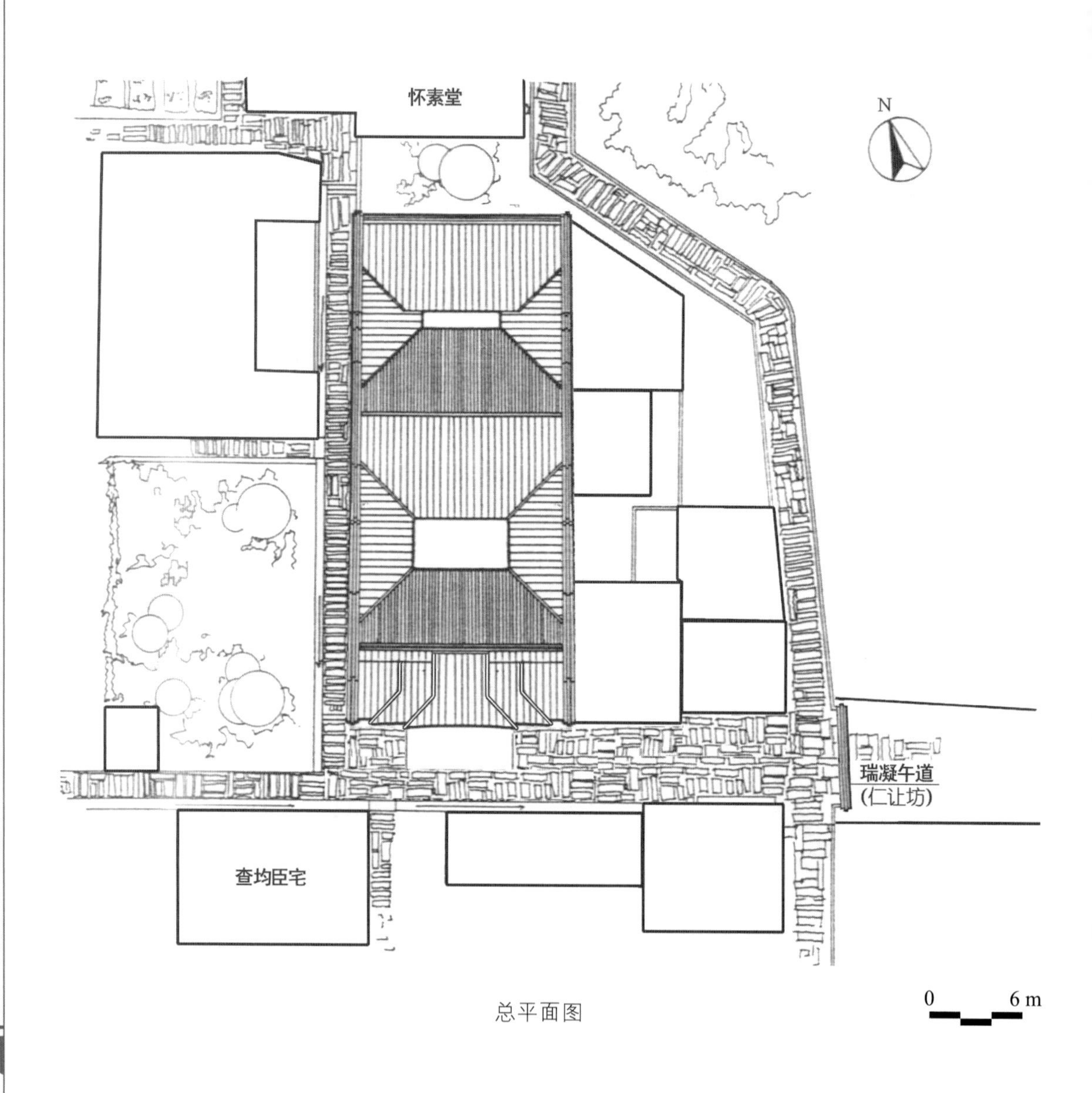


总平面图

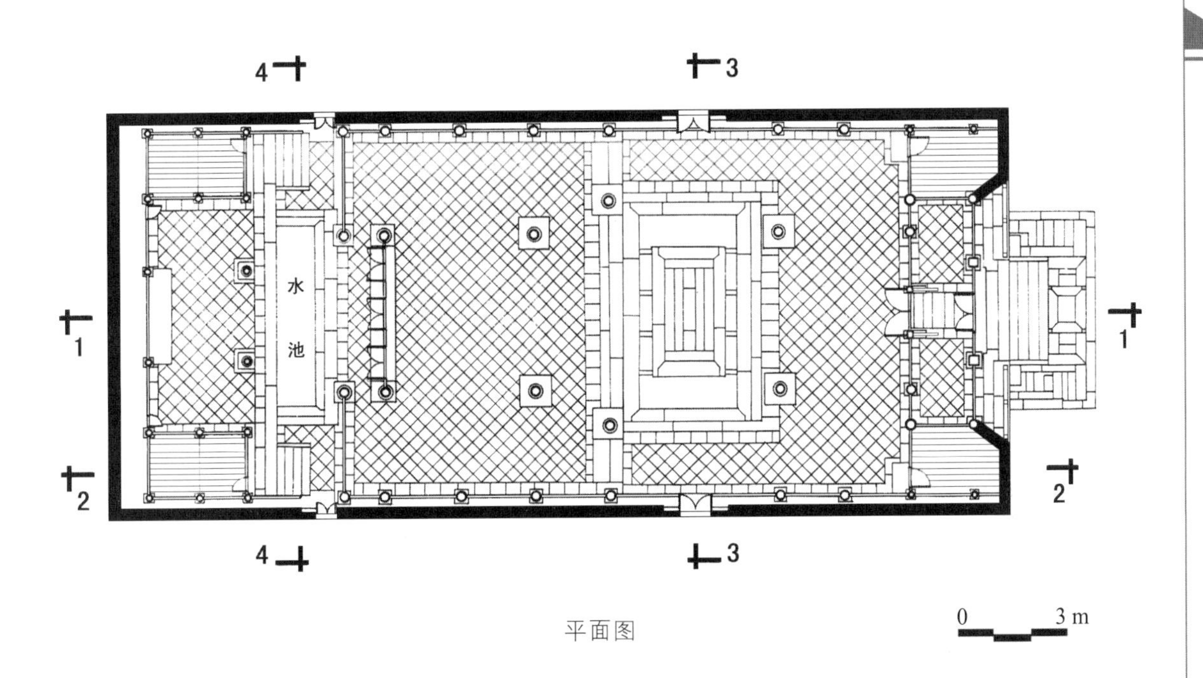


平面图

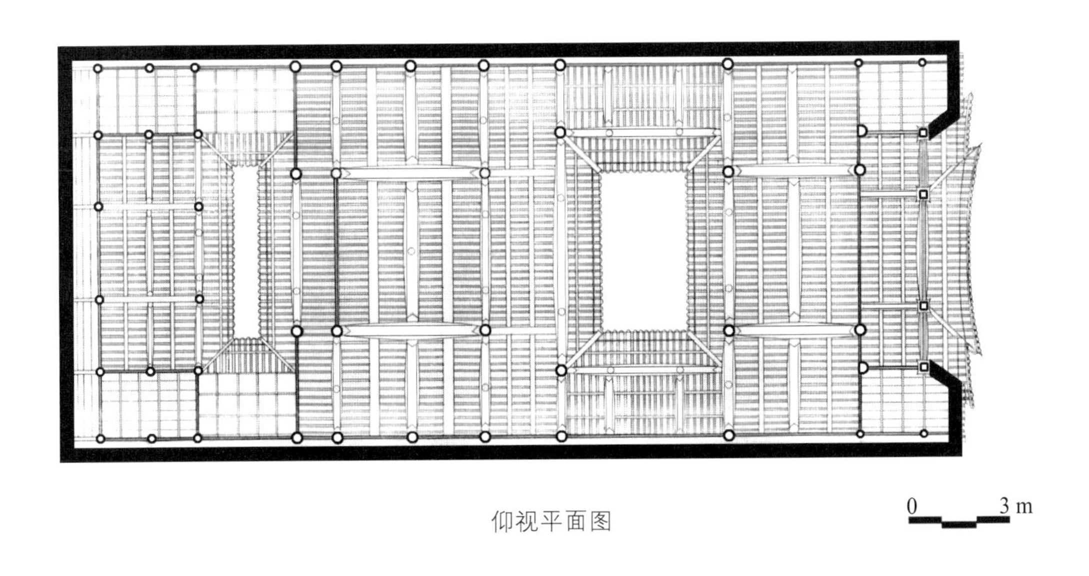


仰视平面图

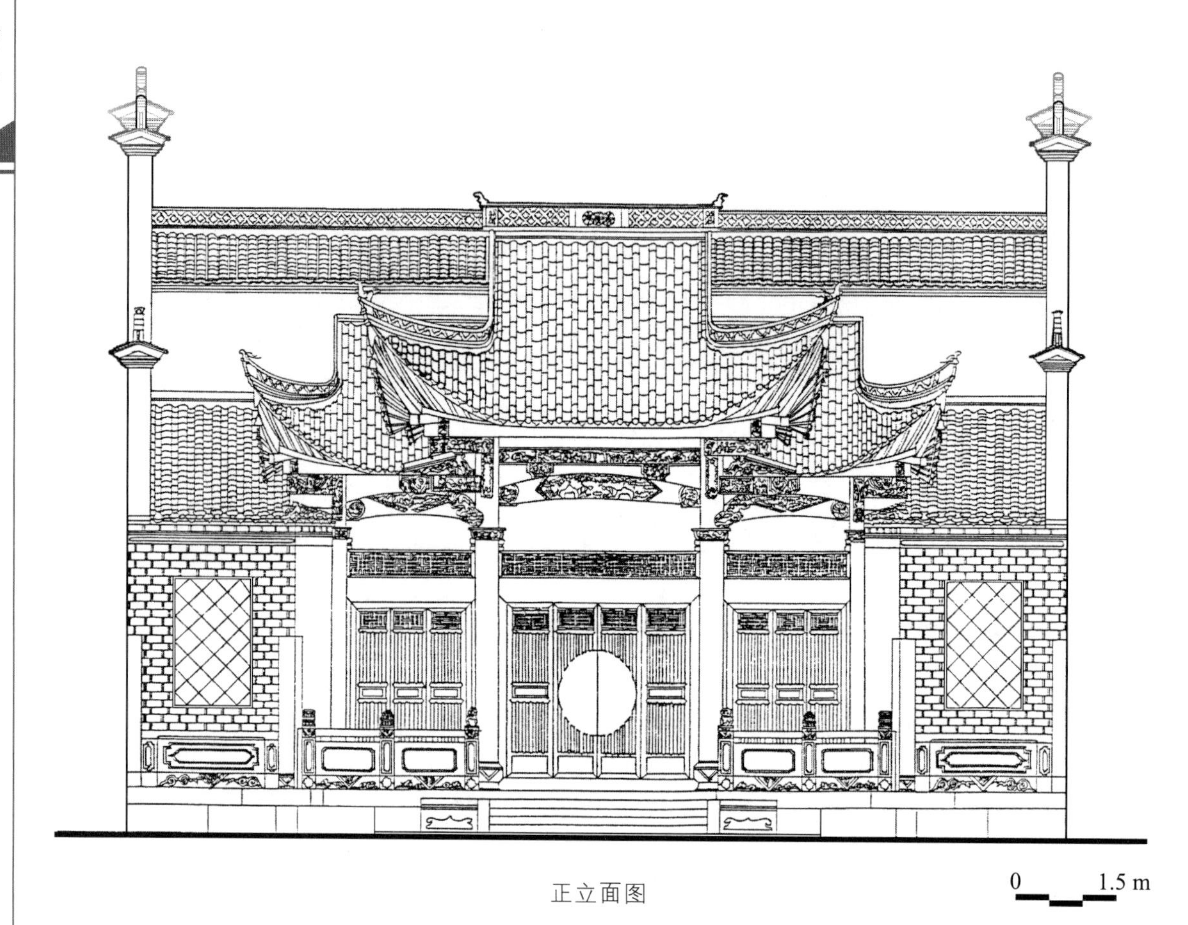


正立面图

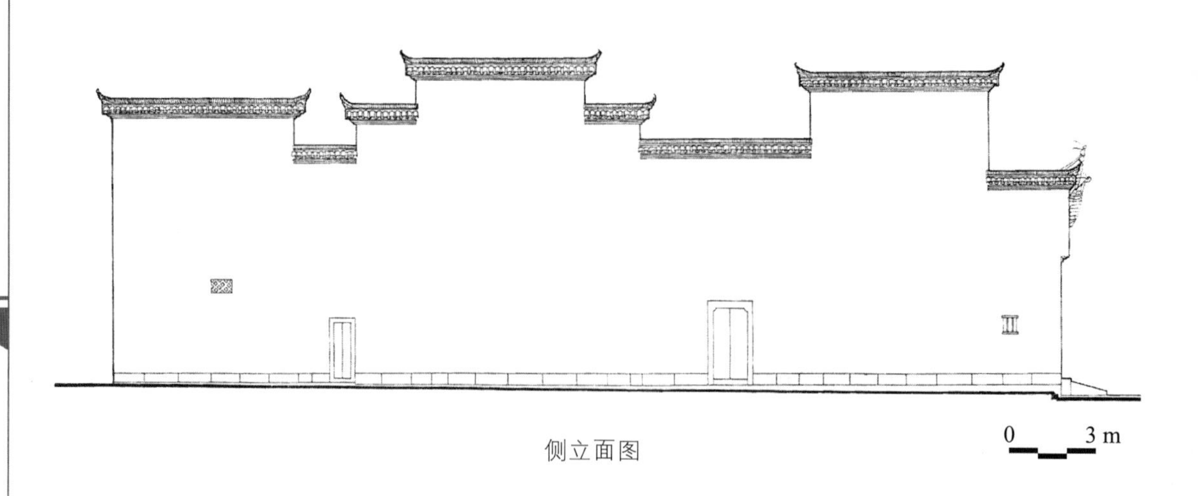


侧立面图

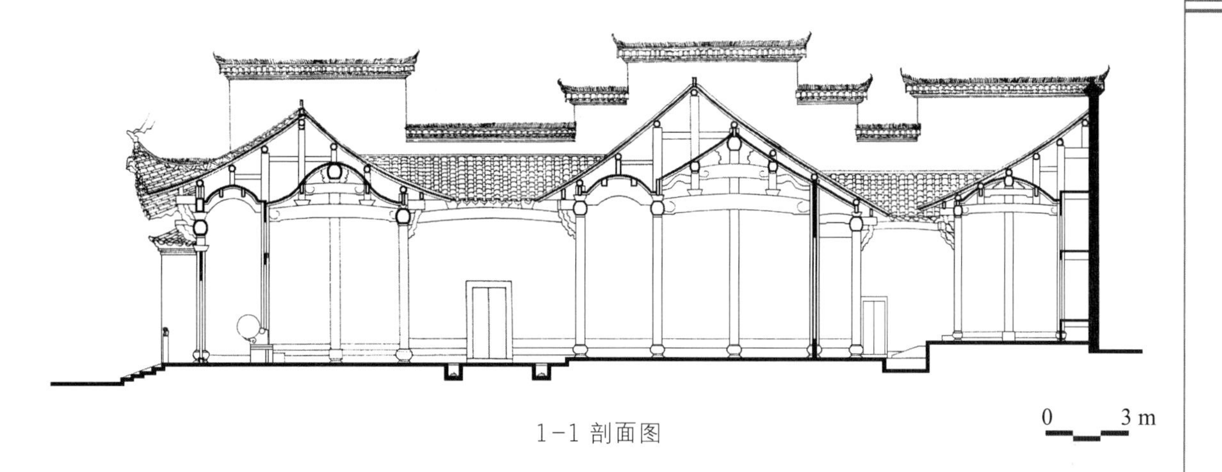


1-1 剖面图

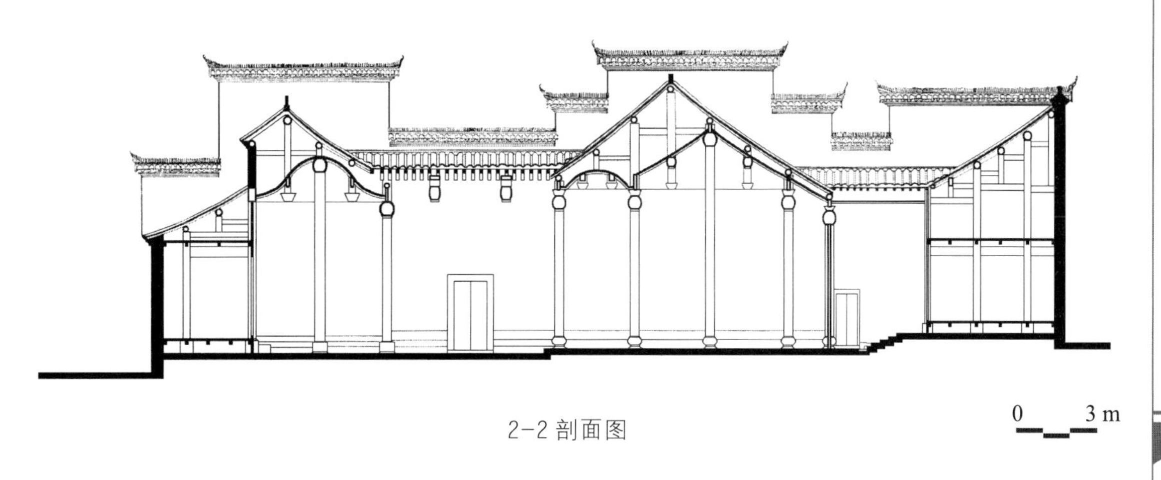


2-2 剖面图

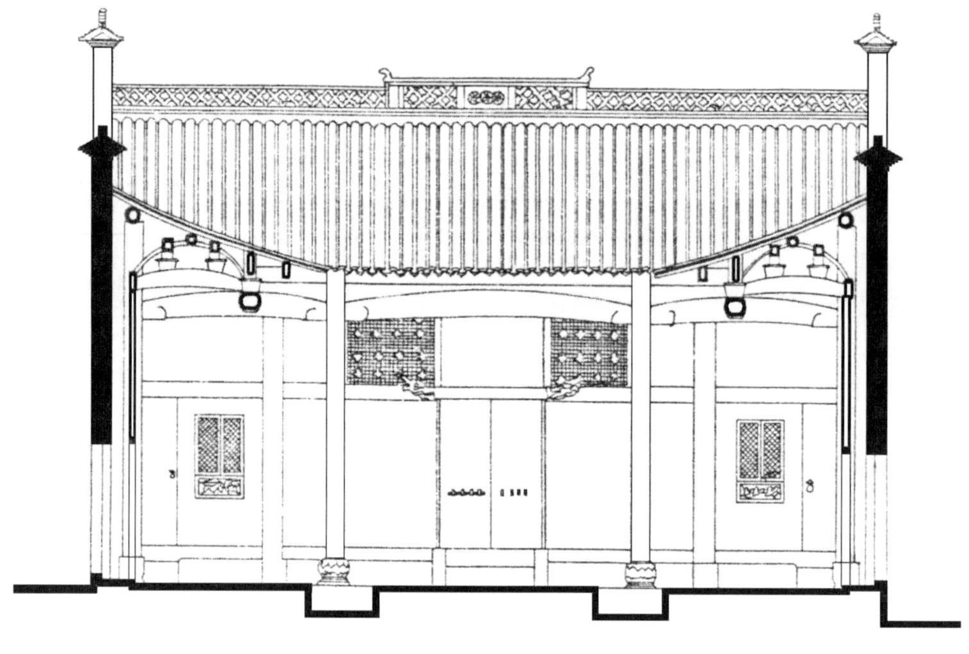

3-3 剖面图

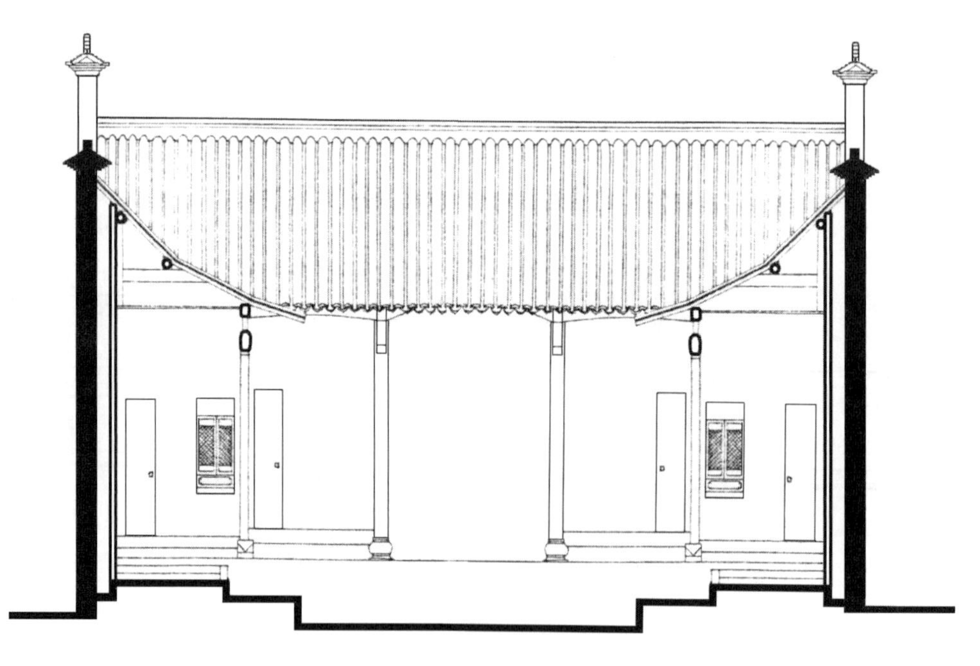

4-4 剖面图

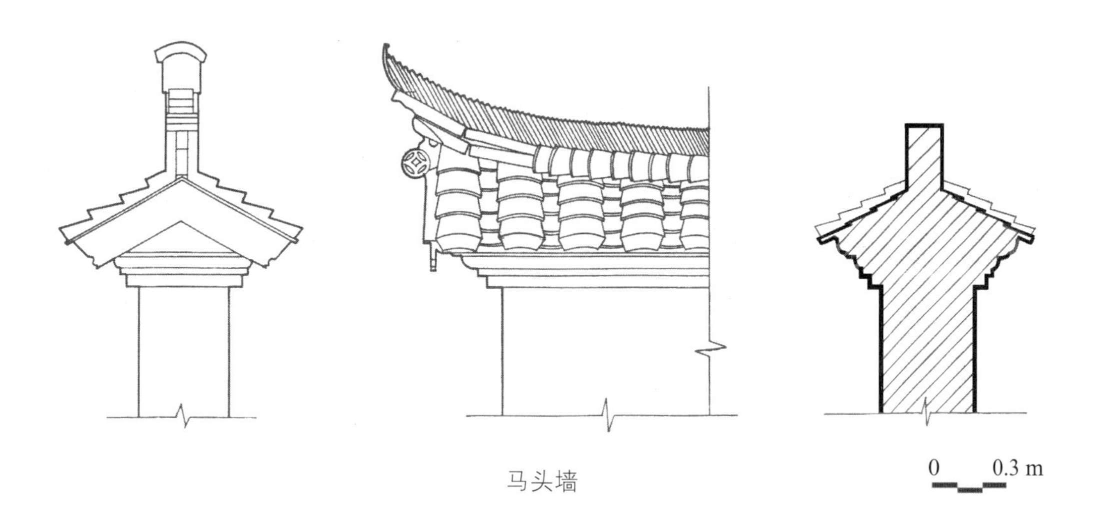


马头墙

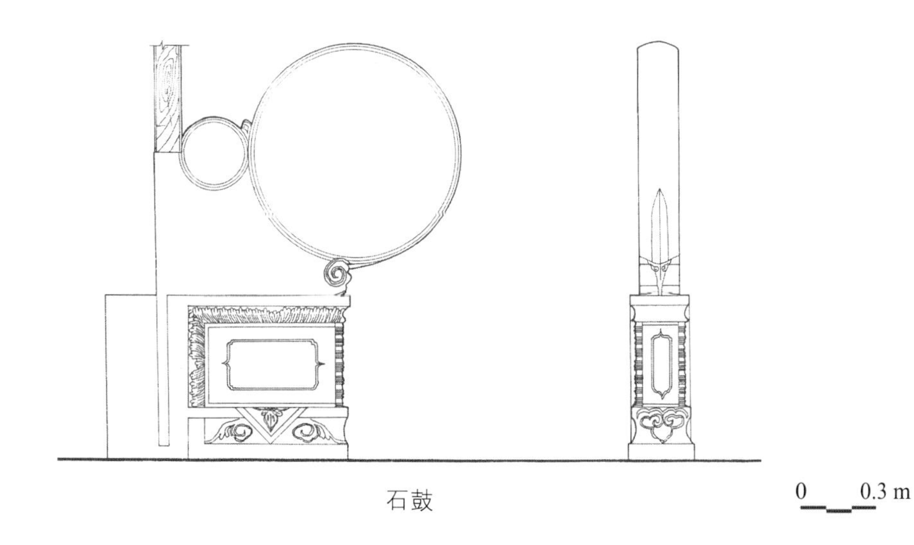


石鼓

拓片

## 查济七星屋

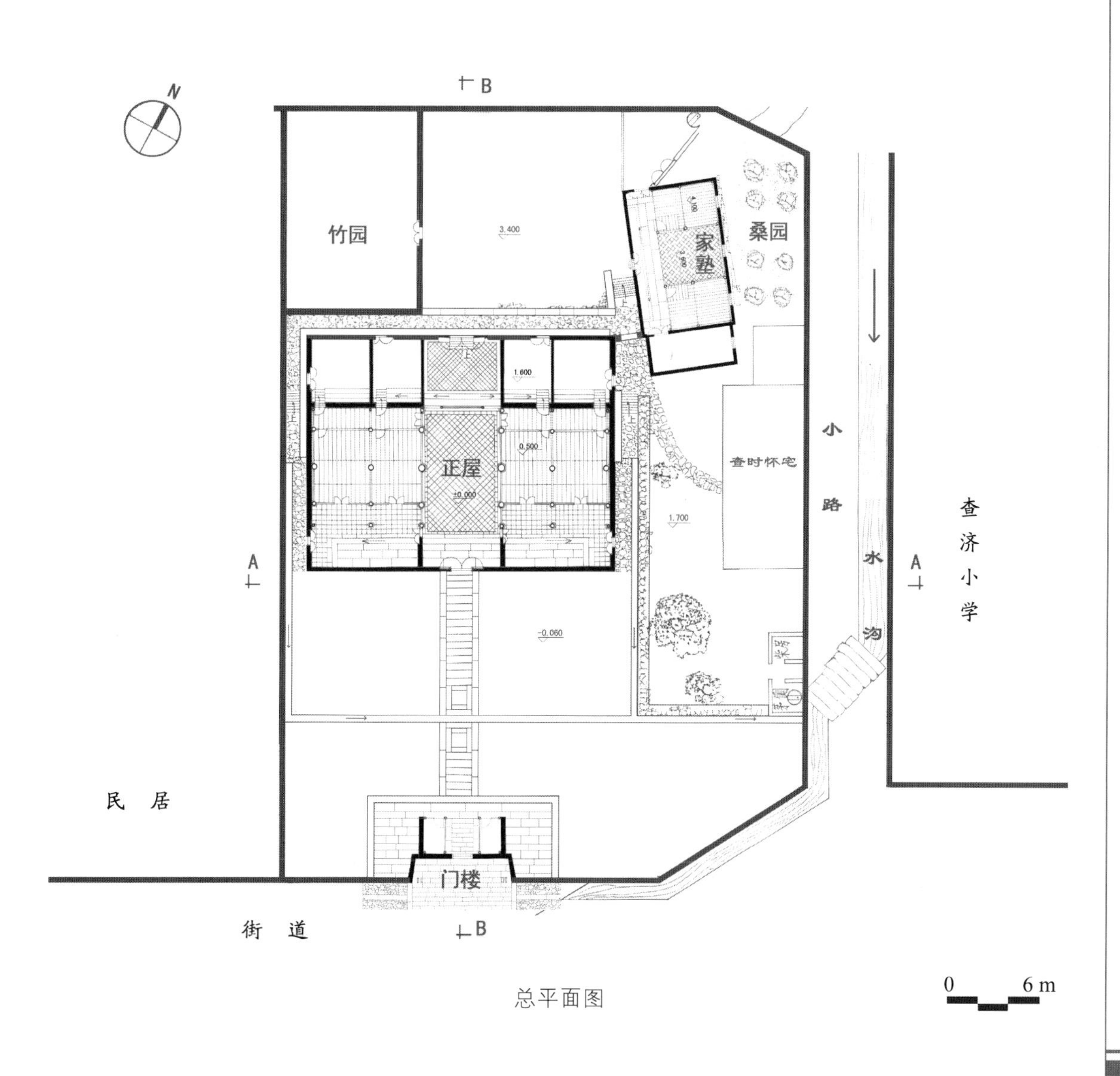
N
B
竹园
3.400
家塾
桑园
1.600
0.500
正屋
±0.000
查时怀宅
1.700
小
路
水
沟
查
济
小
学
A
A
-0.060
民 居
门楼
街 道
B
0
6 m

总平面图

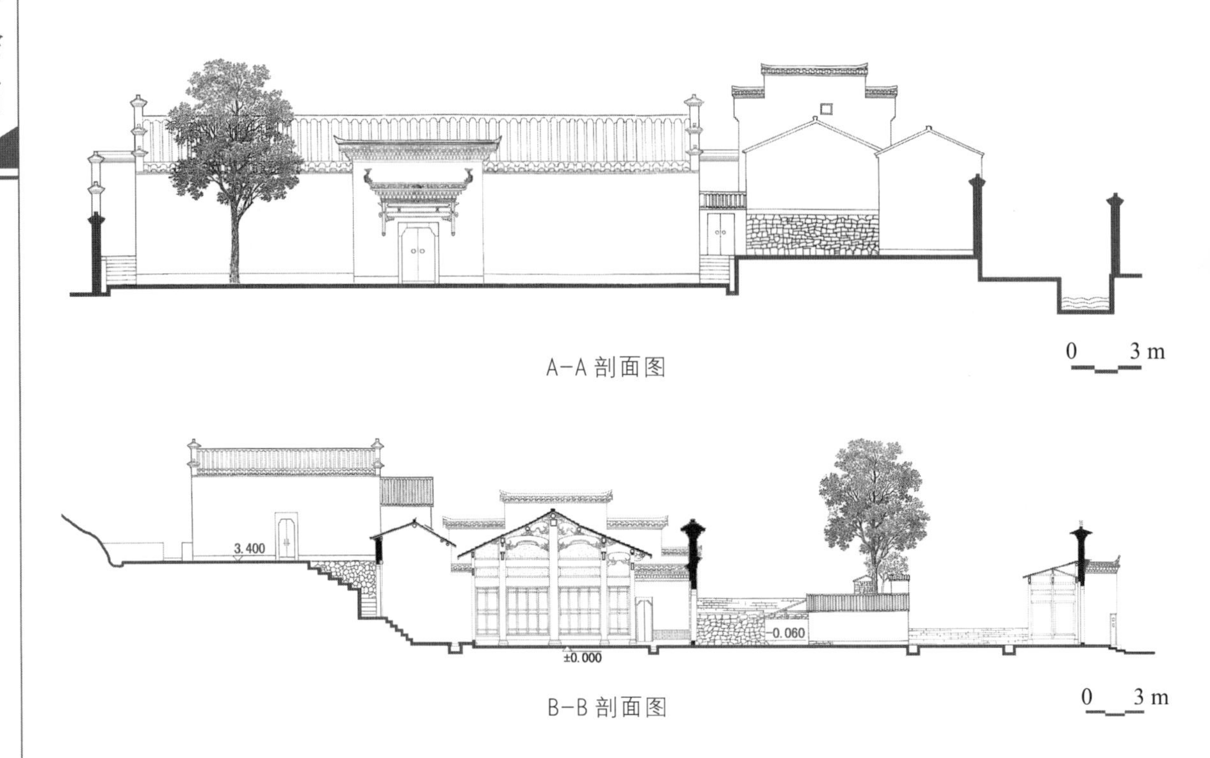


A-A 剖面图

B-B 剖面图

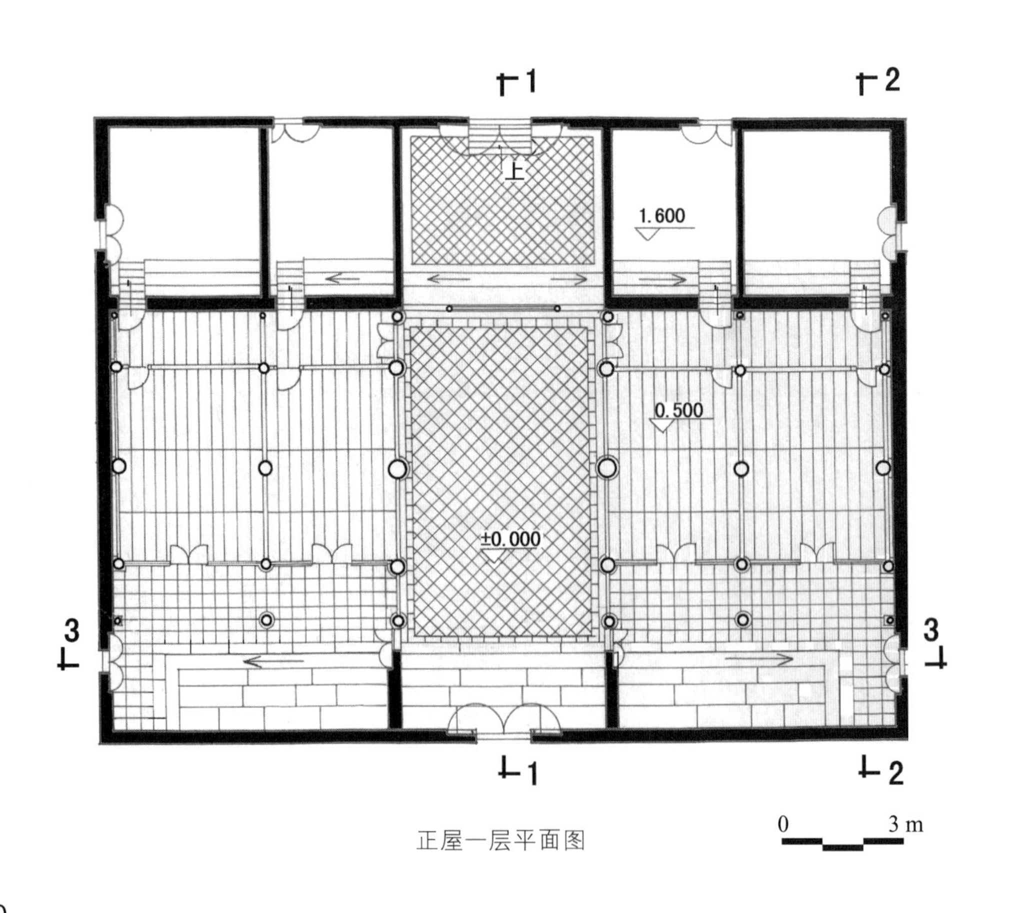


正屋一层平面图

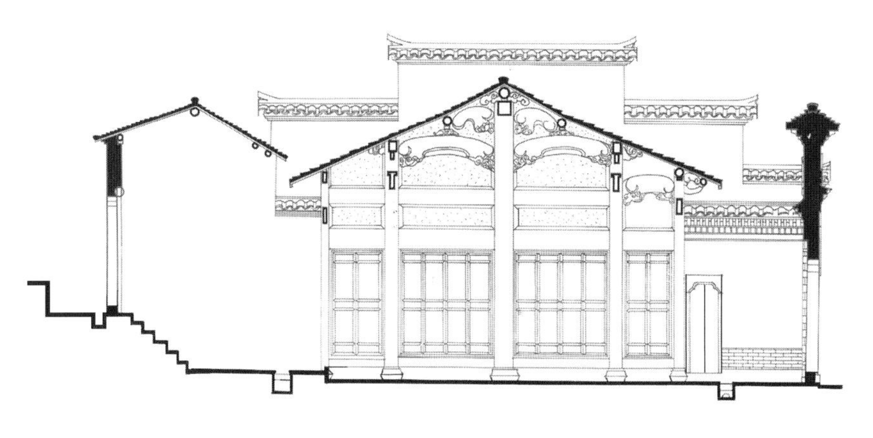

正屋 1-1 剖面图

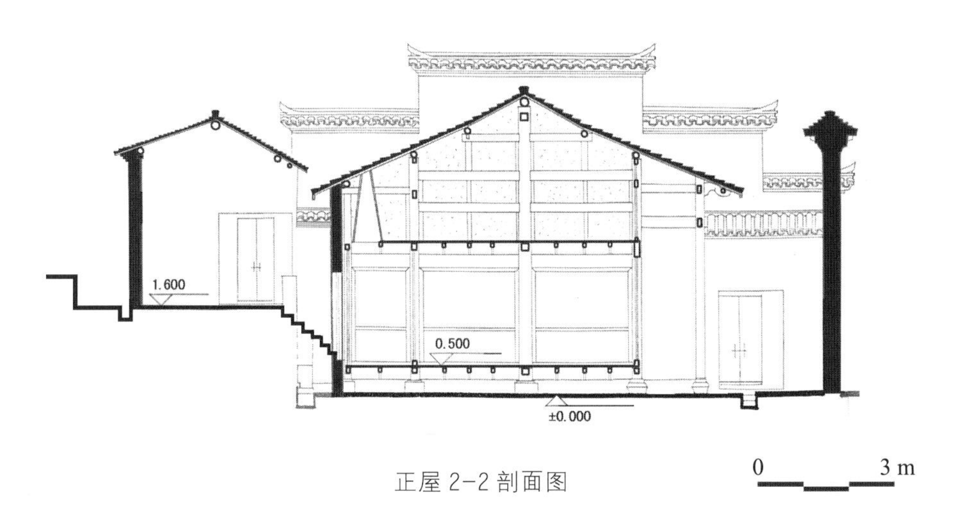


正屋 2-2 剖面图

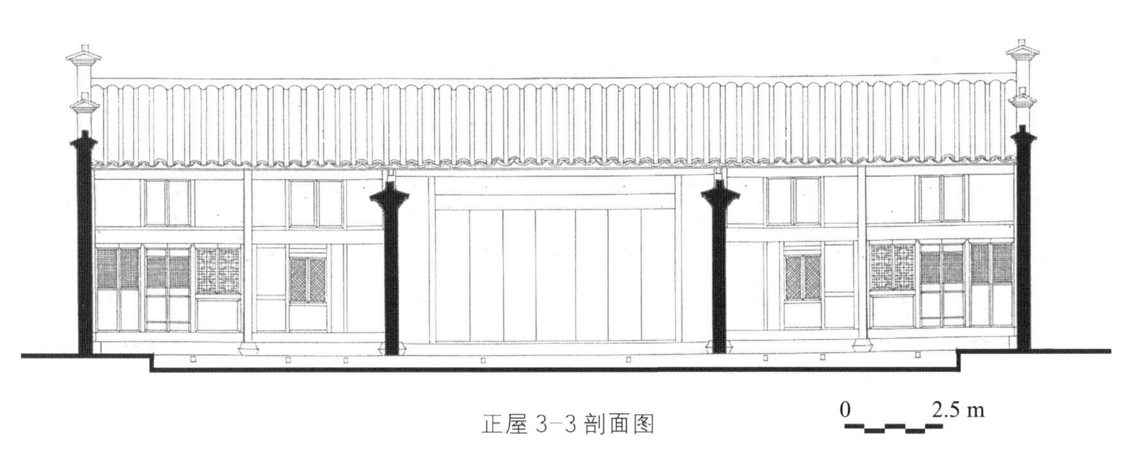


正屋 3-3 剖面图

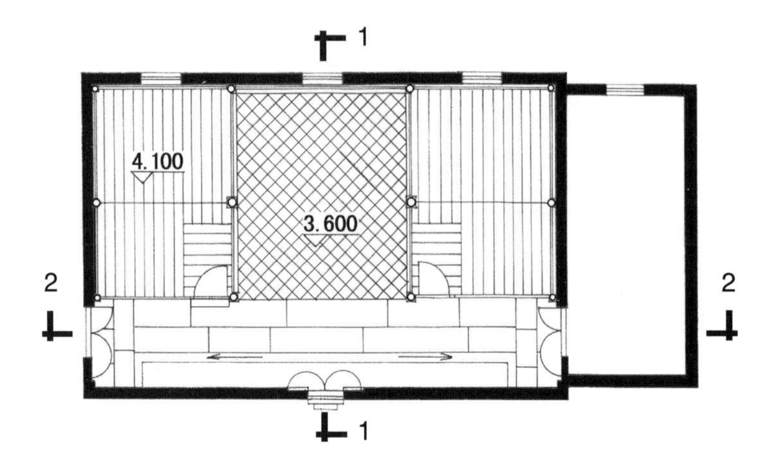


家塾底层平面图

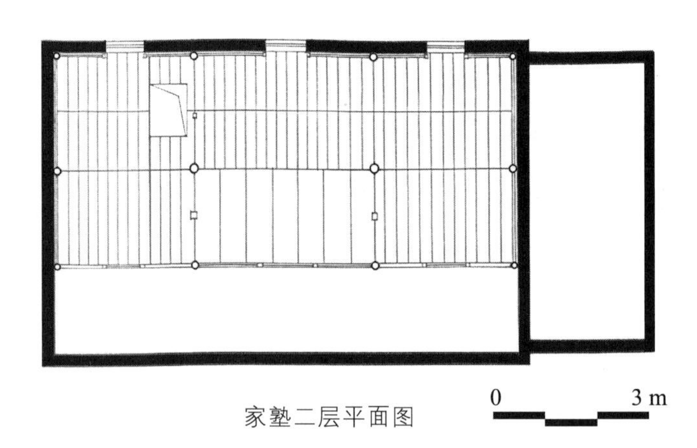


家塾二层平面图

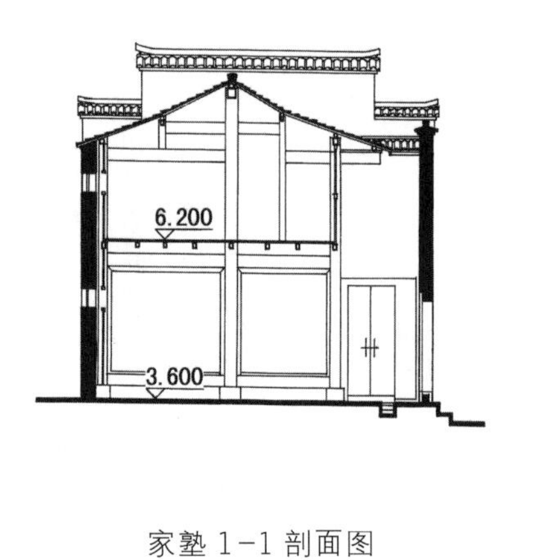


家塾 1-1 剖面图

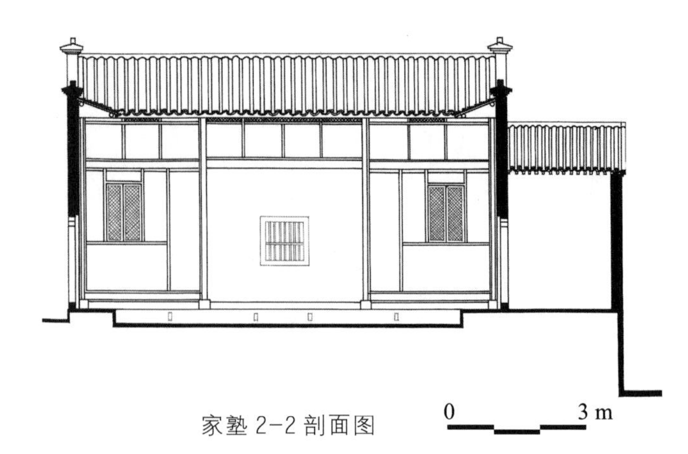


家塾 2-2 剖面图

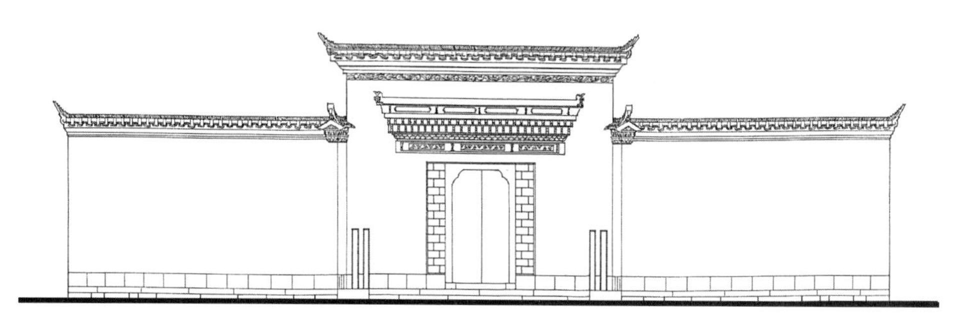

院门立面图

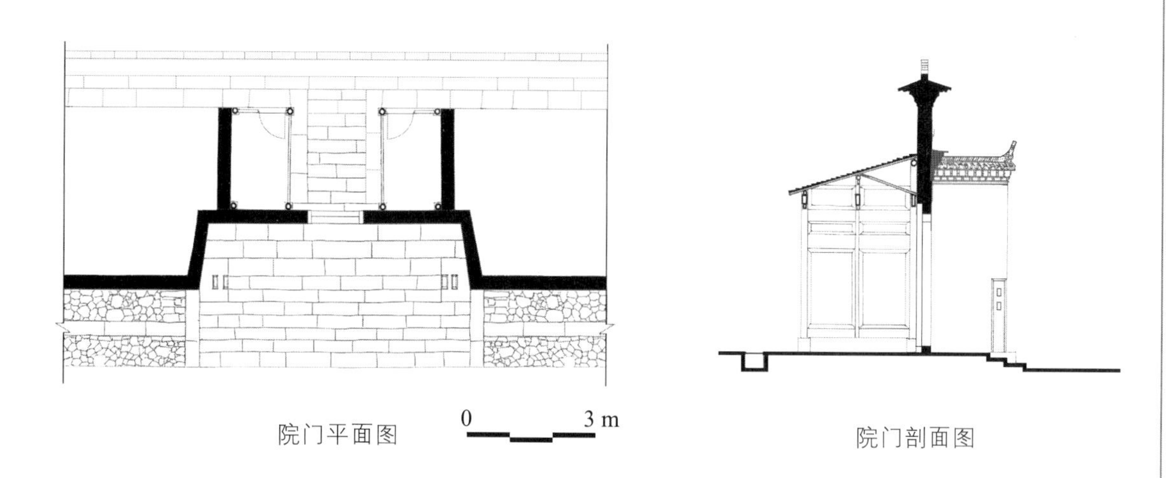


院门平面图

院门剖面图

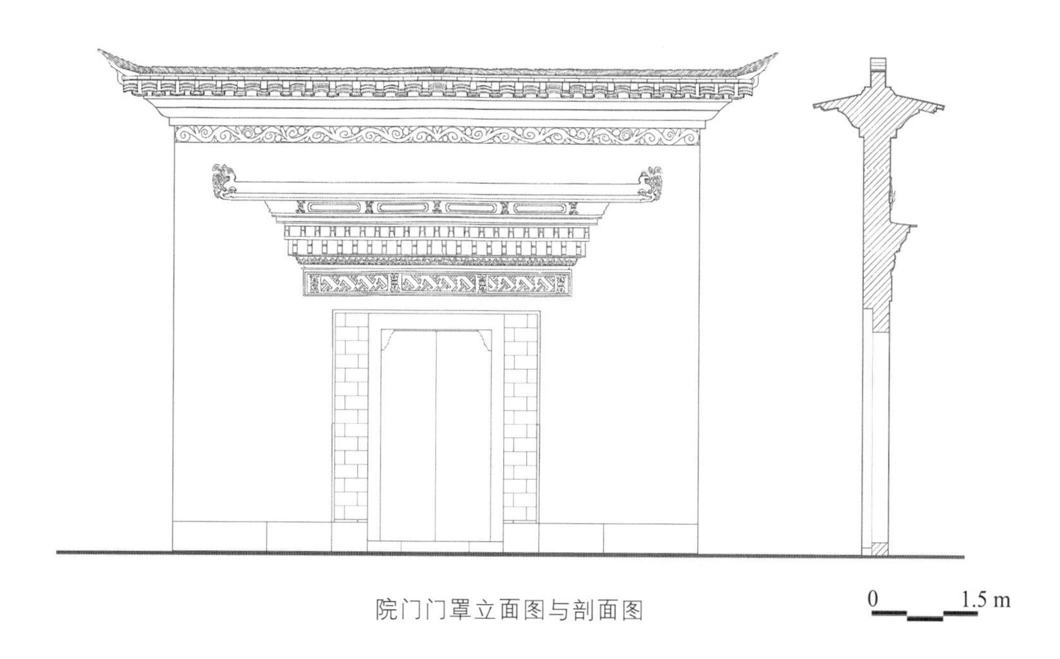


院门门罩立面图与剖面图

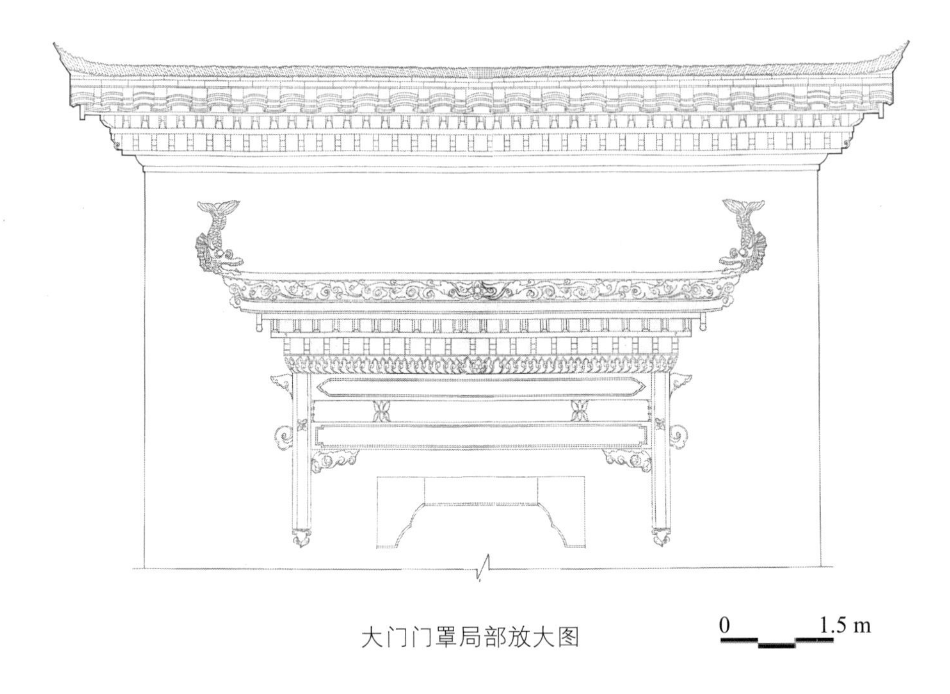


大门门罩局部放大图

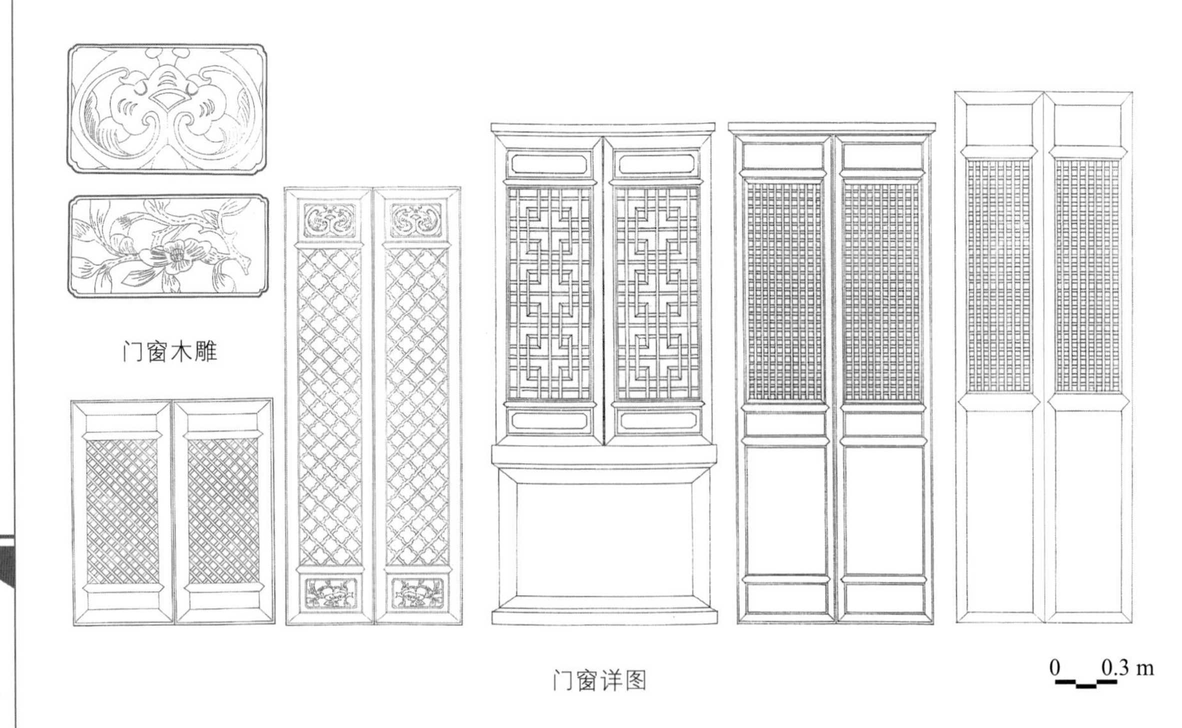


门窗详图

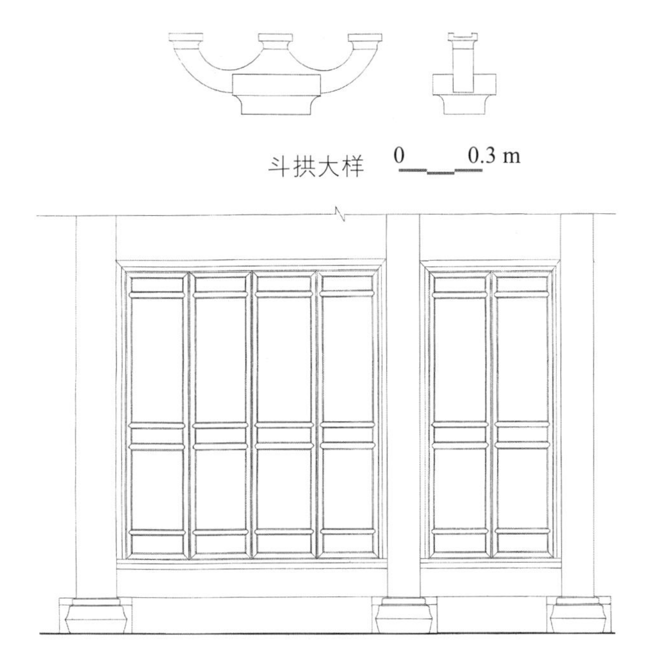

斗拱大样 0 0.3 m

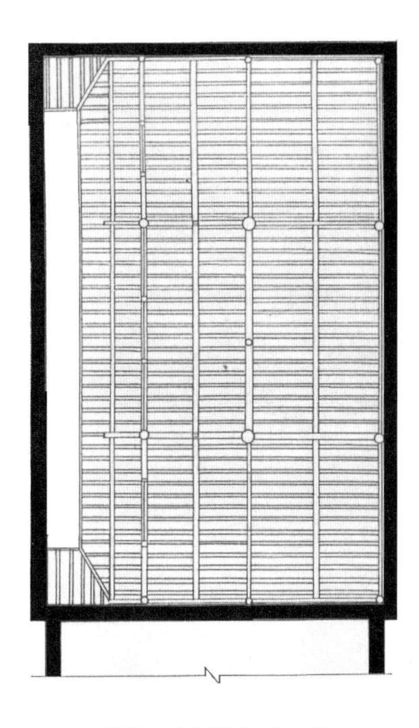

私塾二层仰视平面图 0 3 m

堂心板壁及柱础 0 0.5 m

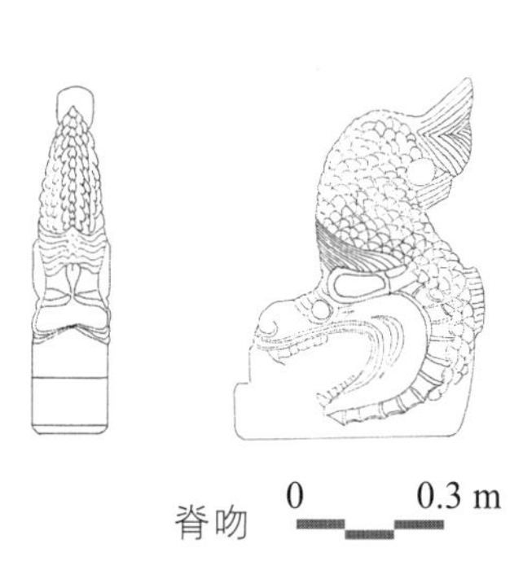

脊吻 0 0.3 m

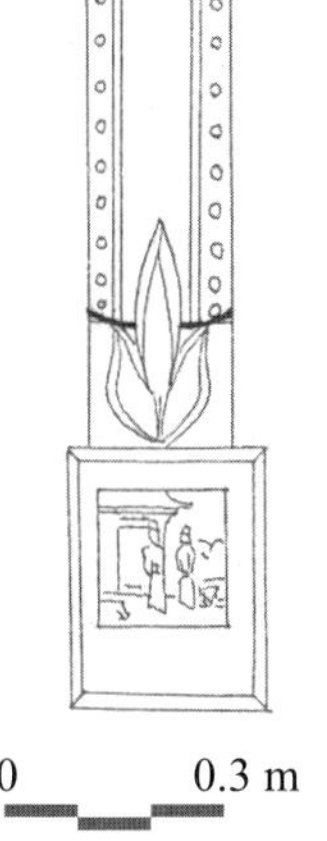

抱鼓石 0 0.3 m

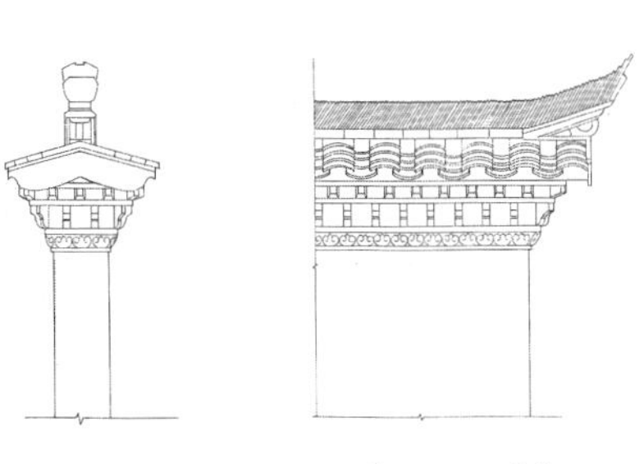

马头墙 0 0.9 m

## 查济德公厅屋

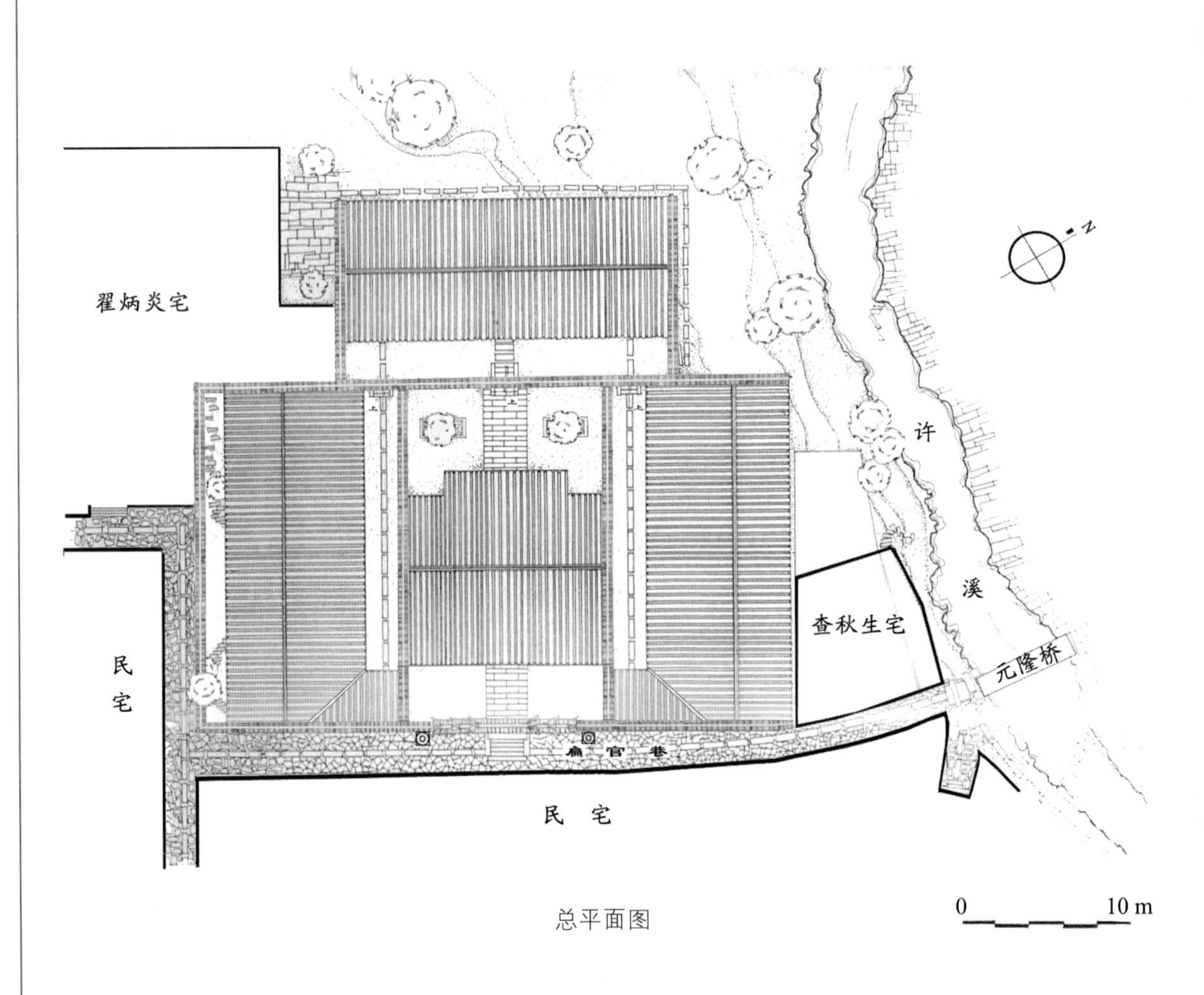
翟炳炎宅
民宅
查秋生宅
许溪
元隆桥
扁官巷
民宅
0
10 m

总平面图

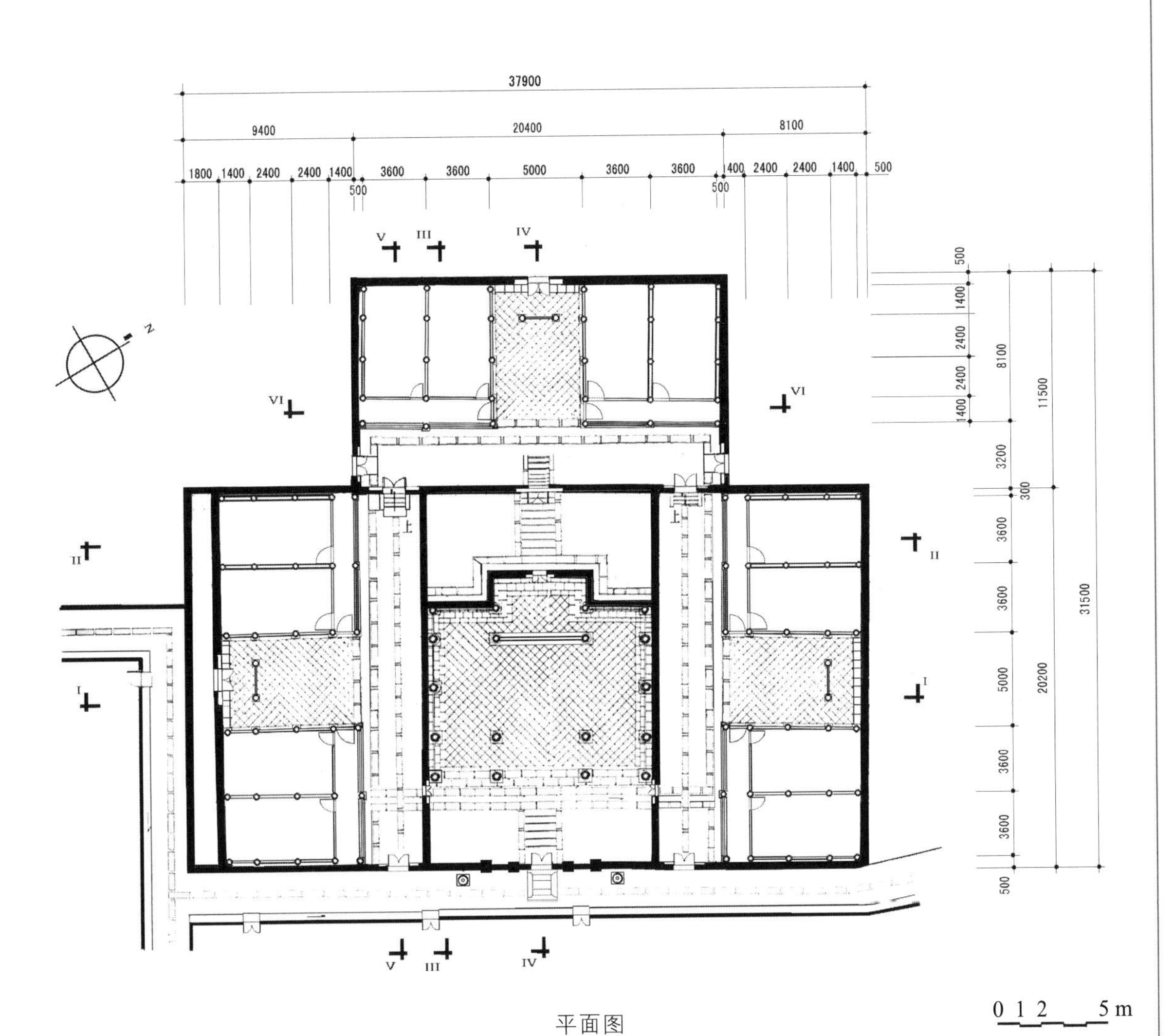
37900
9400
20400
8100
1800 1400 2400 2400 1400 3600 3600 5000 3600 3600 1400 2400 2400 1400 500
500
500
V
III
IV
VI
VI
II
II
I
I
V
III
IV
N
上
上
500
1400
2400
2400
1400
8100
11500
3200
300
3600
3600
5000
3600
3600
500
31500
20200

0 1 2 5 m

平面图

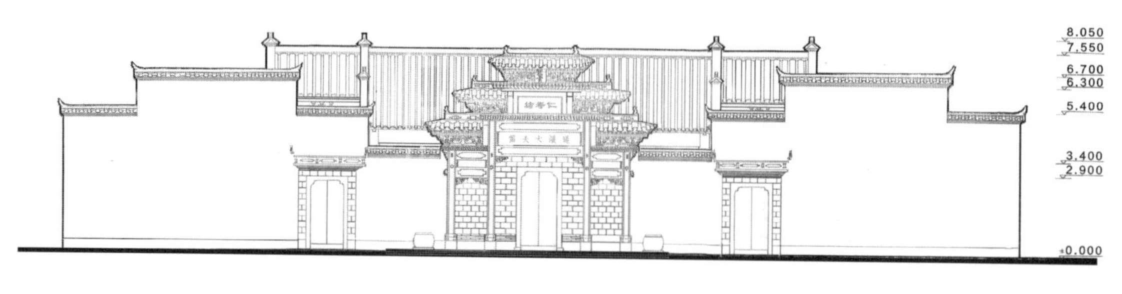


正立面图

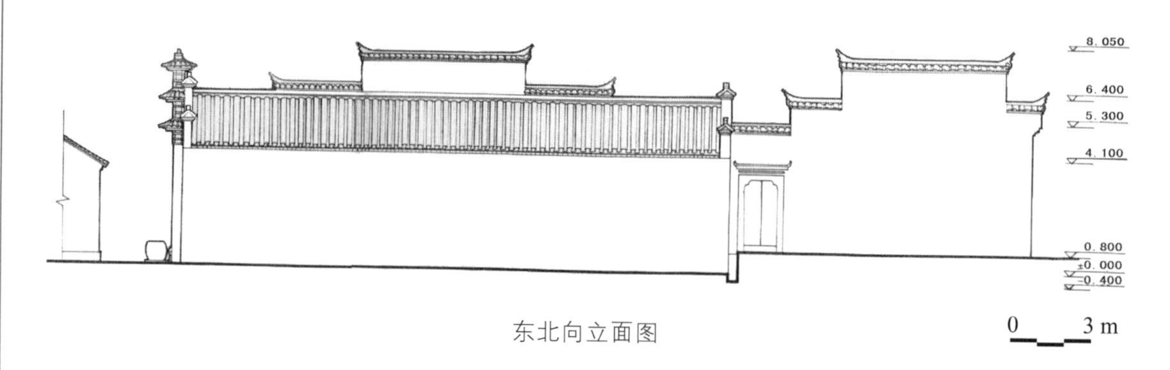


东北向立面图

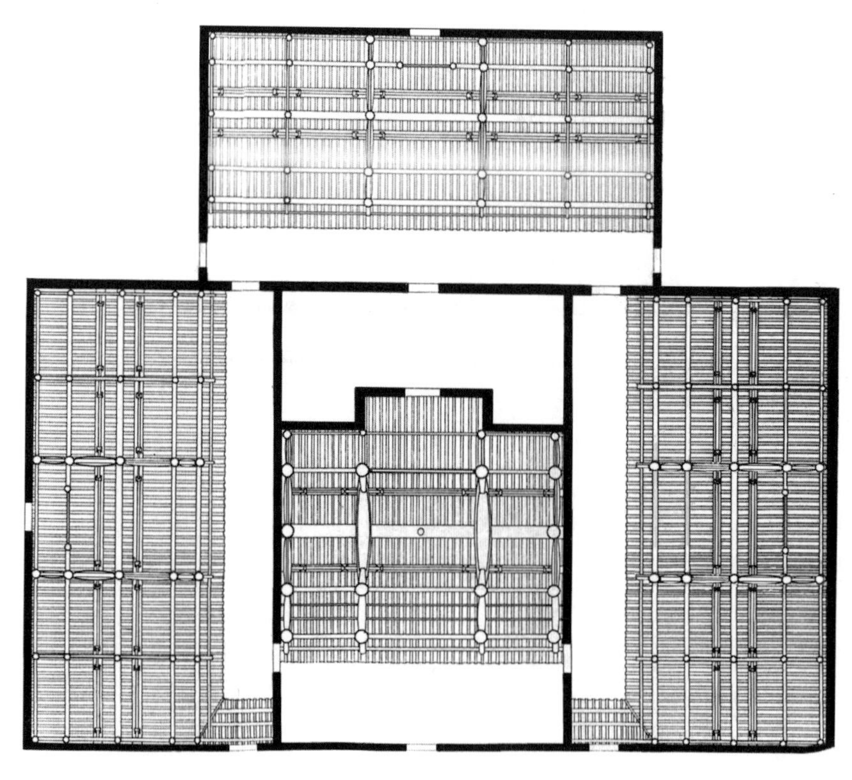

仰视平面图

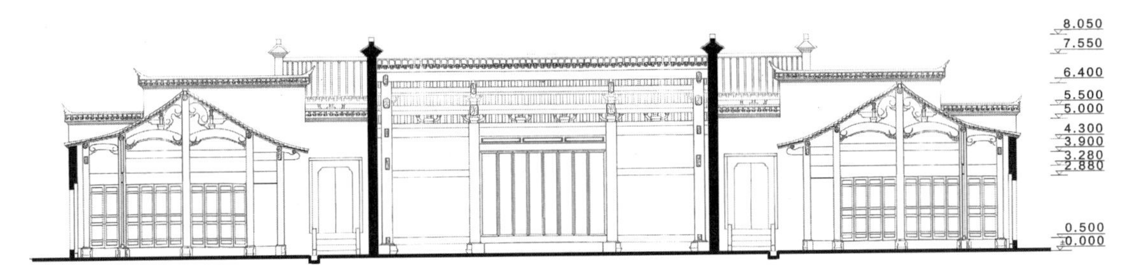


Ⅰ－Ⅰ剖面图

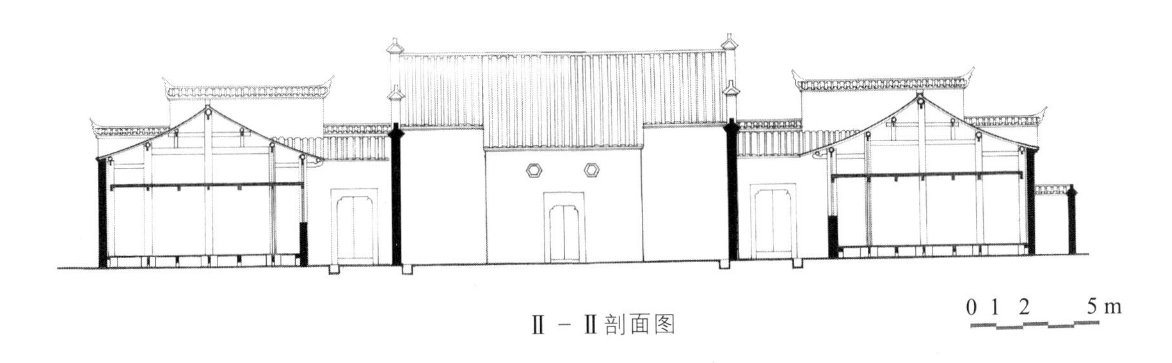


Ⅱ－Ⅱ剖面图

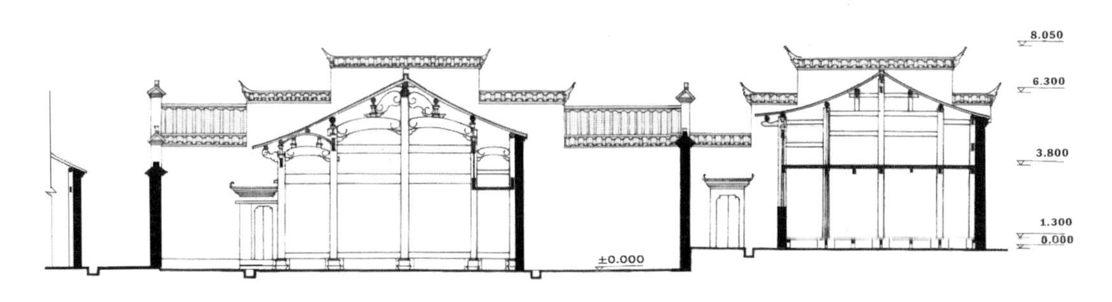


Ⅲ－Ⅲ剖面图

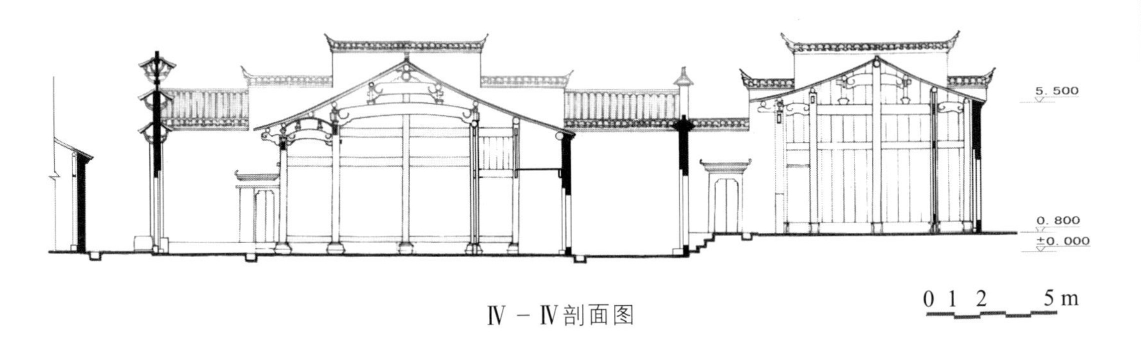


Ⅳ－Ⅳ剖面图

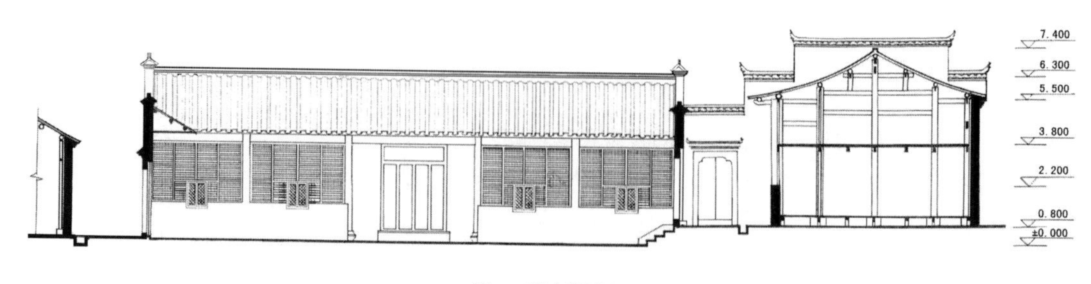


Ⅴ－Ⅴ剖面图

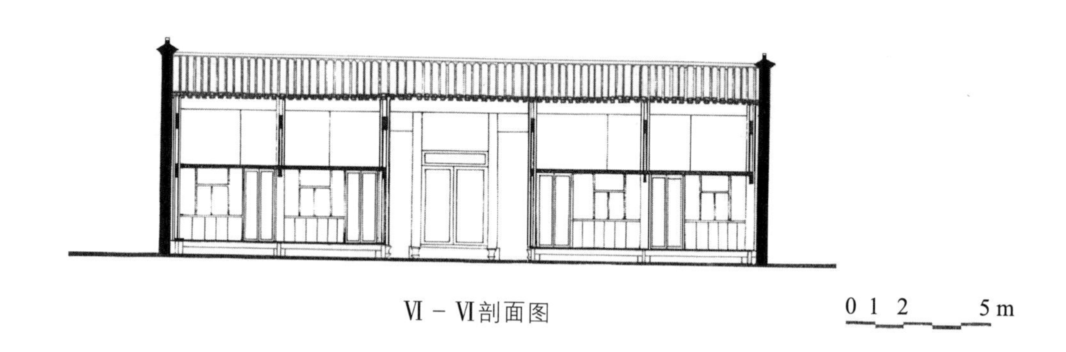


Ⅵ－Ⅵ剖面图

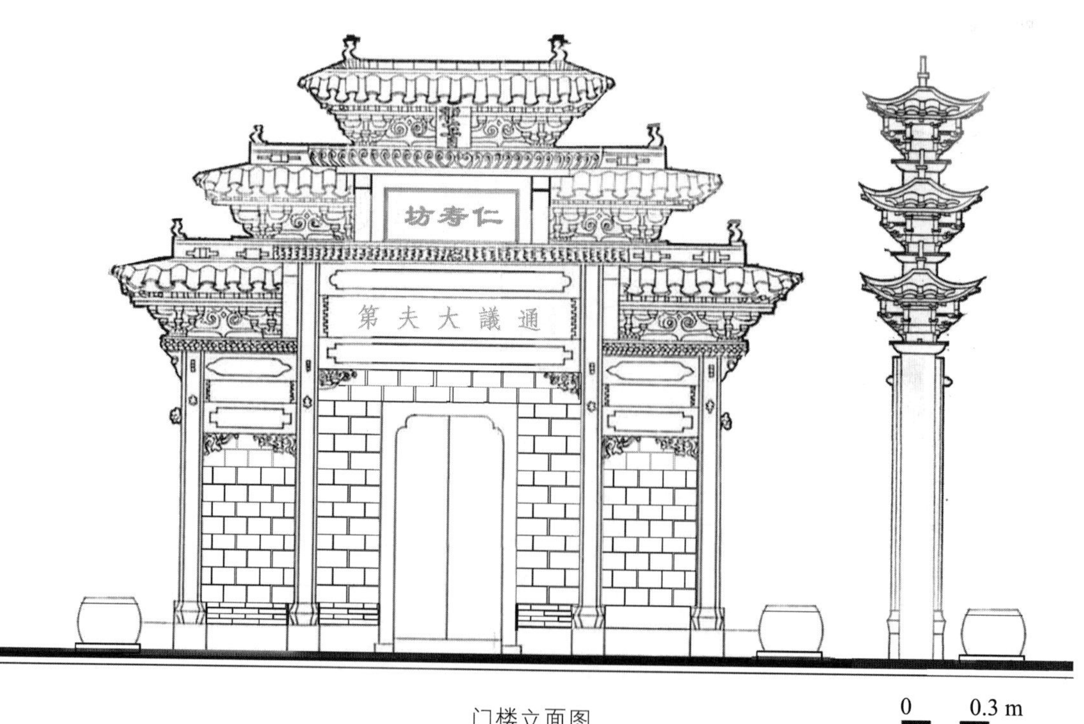


门楼立面图

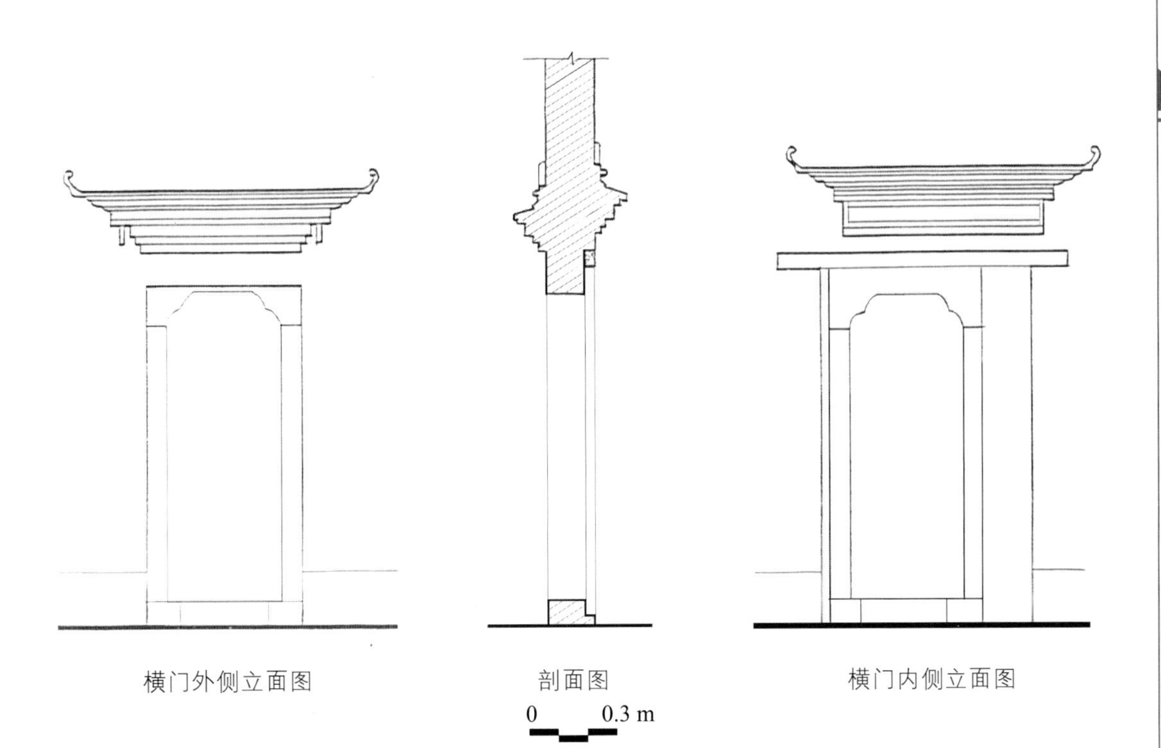

横门外侧立面图

剖面图

0 0.3 m

横门内侧立面图

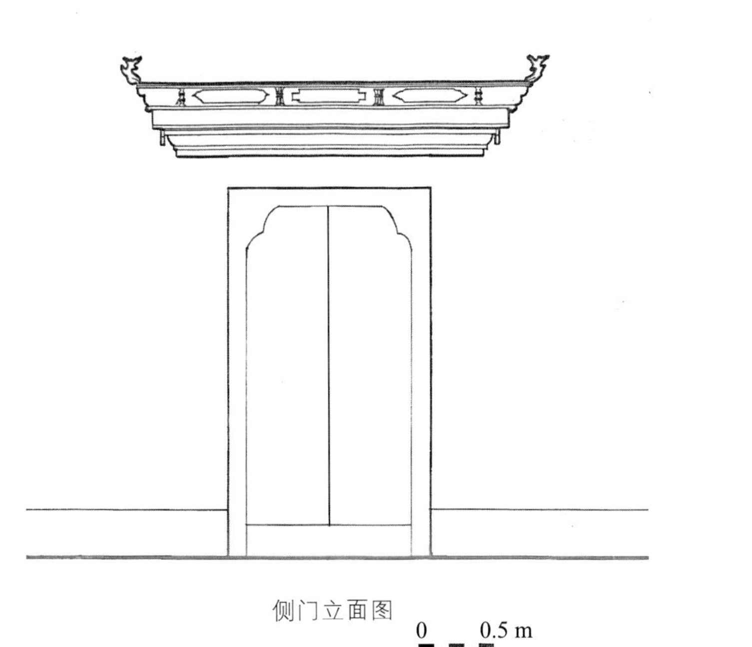

侧门立面图

0 0.5 m

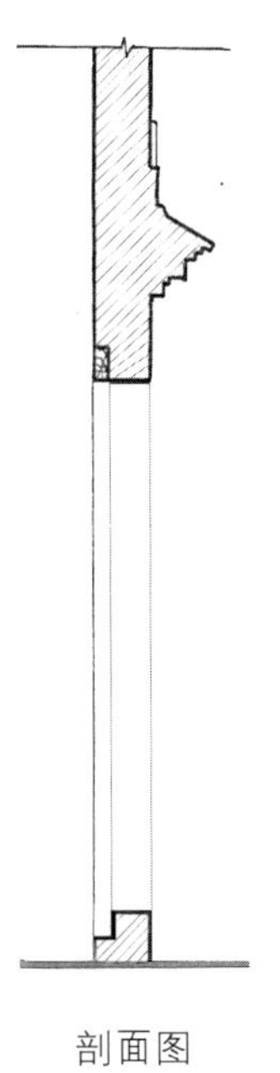

剖面图

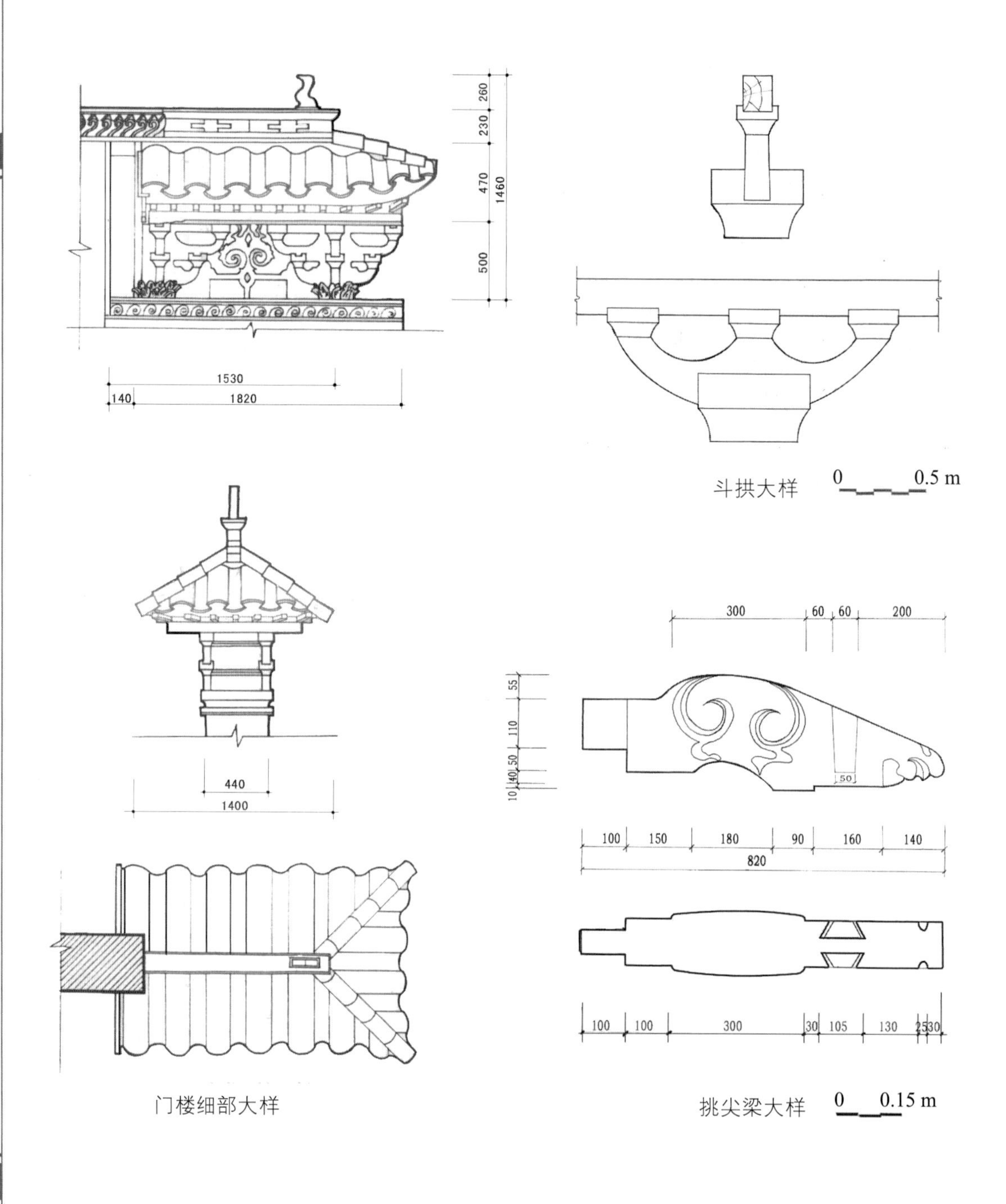


斗拱大样

门楼细部大样

挑尖梁大样

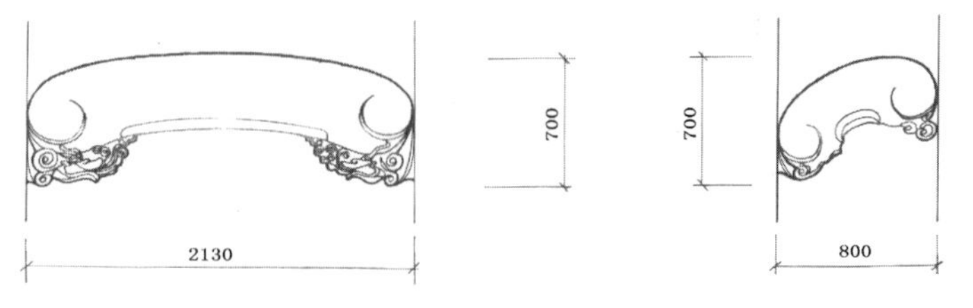


月梁

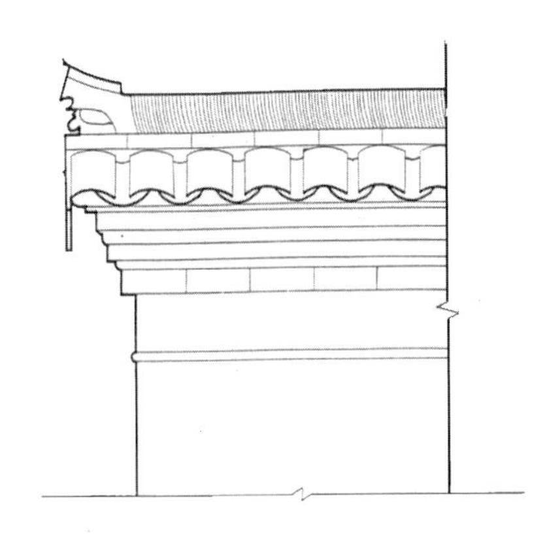

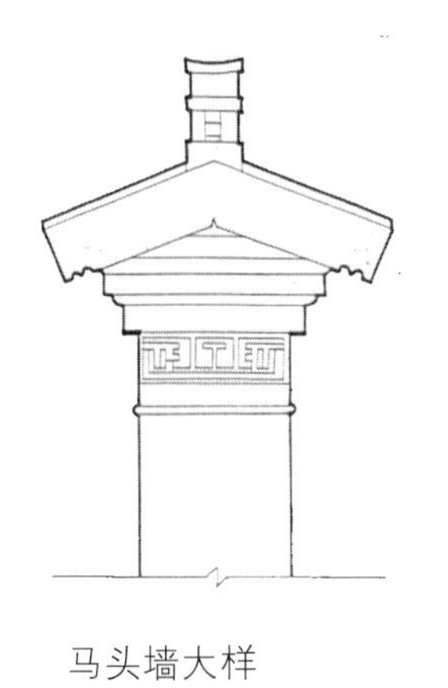

马头墙大样

0 0.3 m

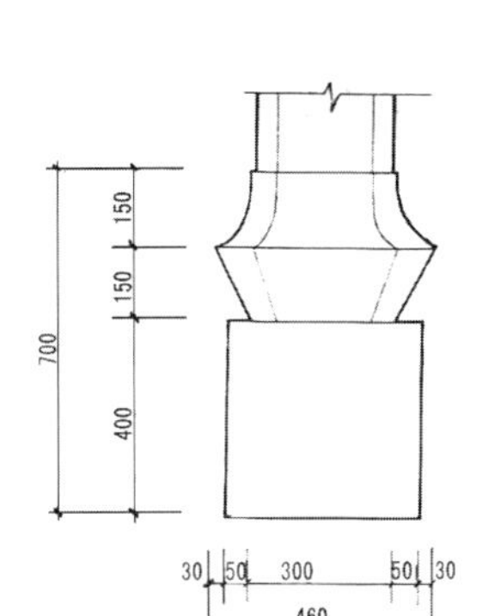


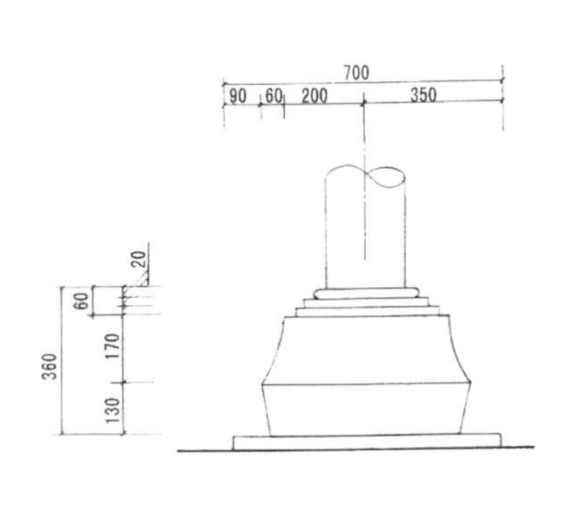


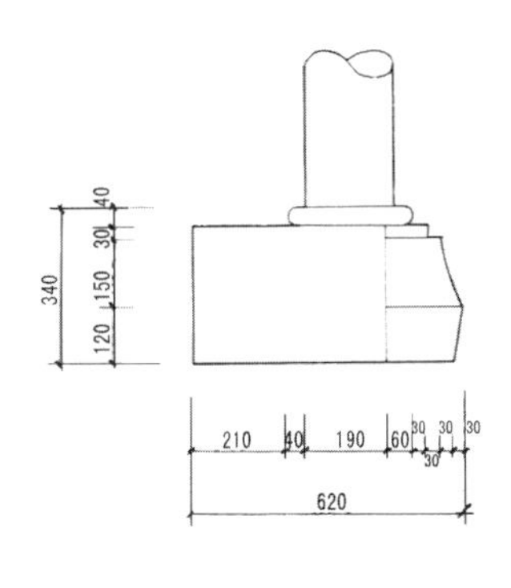


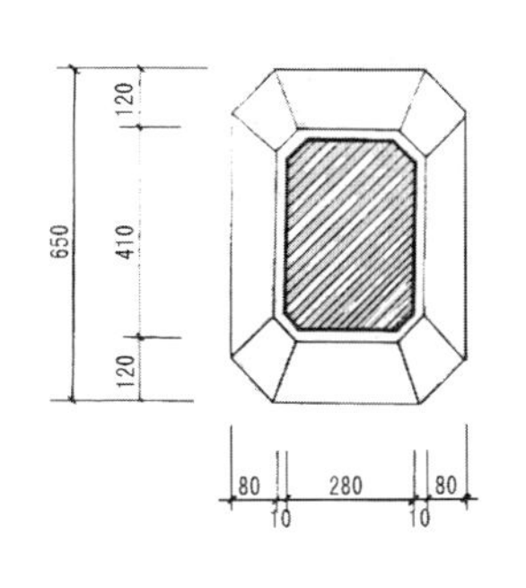


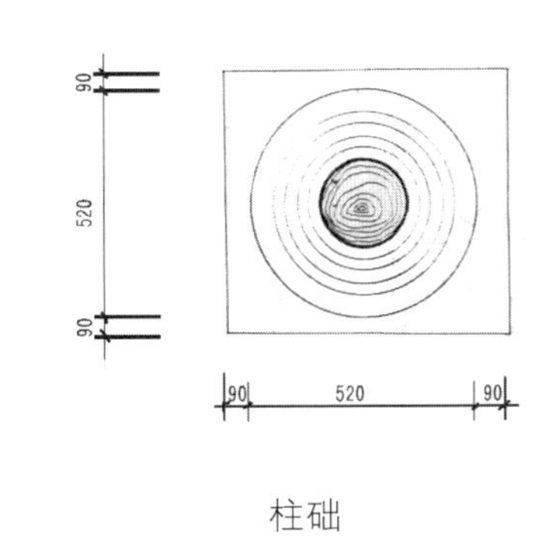


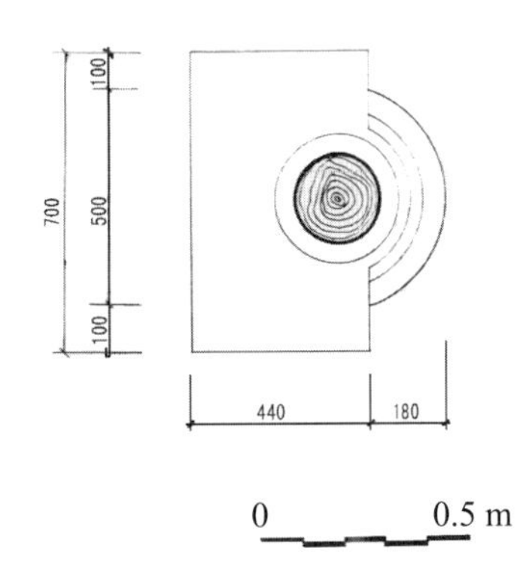


柱础

0 0.5 m

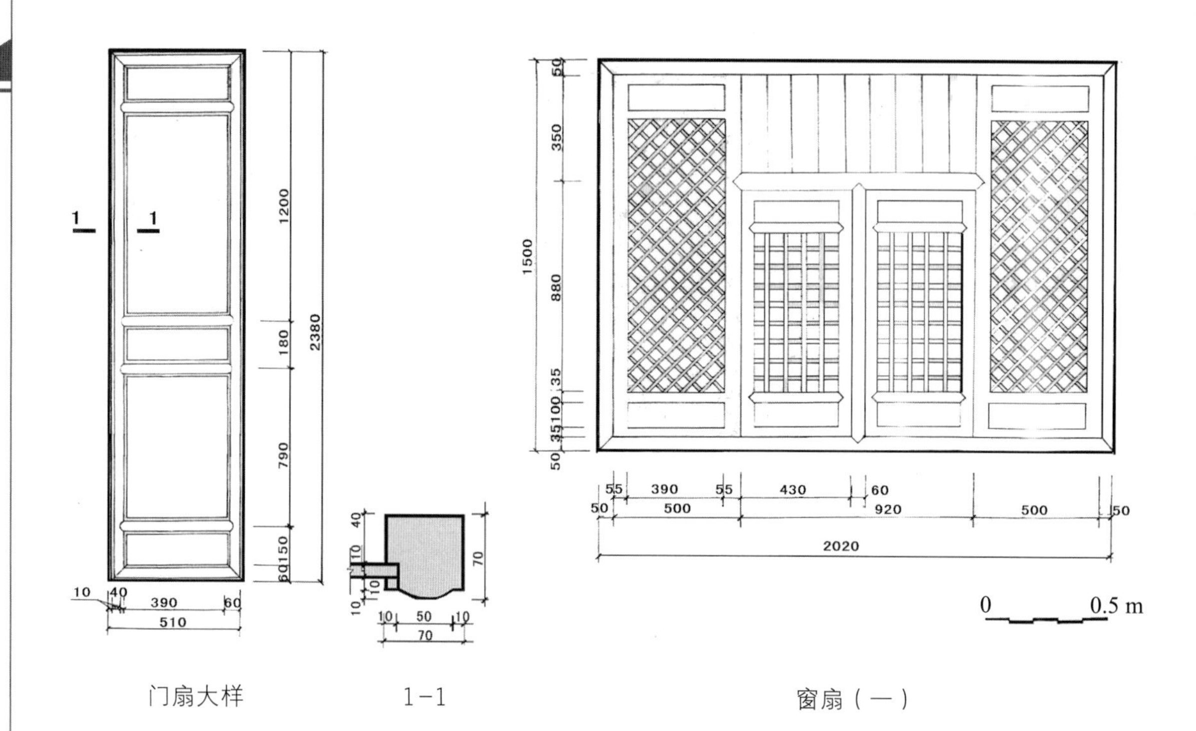


门扇大样

1-1

窗扇（一）

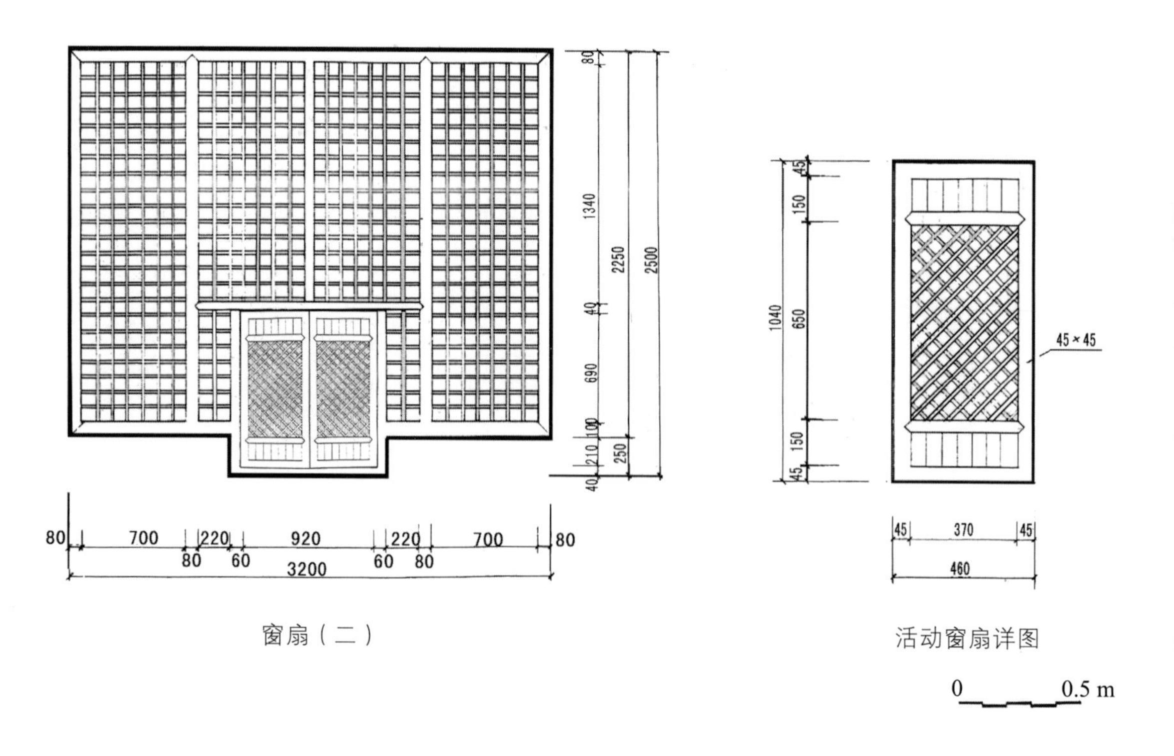


窗扇（二）

活动窗扇详图

0 0.5 m

# （三）摄影照片

摄影照片真实记录并艺术地再现了所测建筑、乡情村景和实习生活；同时它又是摄影瞬间师生们内心实感的真情表达。摄影技术也是建筑师必须学会的基本技能。

## 陈村翟作梅宅

层层叠叠的山峦，围绕富饶的河谷盆地，乡民们在盆地里建造了村落，亦耕亦读，过着宁静而有文化的生活（王巍／摄）

建筑的马头墙，独具特色，形式多样，实为中国建筑文化的一大瑰宝（胡玮／摄）

曲折的街道，错落的门窗，层叠的屋面，以及复杂的马头山墙（倪俊／摄）

梁枋穿插错落，榫卯紧密结合，体现我国传统木作建筑的风格和匠人的智慧（王巍／摄）

墙面在山脊处的转折，一方面是由于适应地形，另一方面也增加立面效果，灵活多变的形式，值得我们学习（王巍/摄）

中国古代建筑讲究风水朝向，比如民居大门面对着东南方向的最高山峰，他们期盼家丁兴旺，财源茂盛（王巍/摄）

或依傍着一湾清澈的小池塘，或融入碧草茵茵之中，自然风光，乐趣无限（胡玮/摄）

斑驳的墙面，让人浮想出时光在此停住脚步，仿佛又回到了从前（倪俊/摄）

## 云岭新四军战地服务团旧址

马头墙

荷叶轩

柱础 1

柱础 2

喜鹊登梅雕刻

百花争春雕刻

门扇木雕（四季平安）

天井

卷棚轩

## 茂林中田庐

中田庐全景

大门

巷子

侧门

石鼓

石雕

## 查济诵清堂

门楼内景

门楼外景

庭院空间

天井及砖檐

月梁

斗拱

窗 1

窗 2

## 查济二甲祠

外景

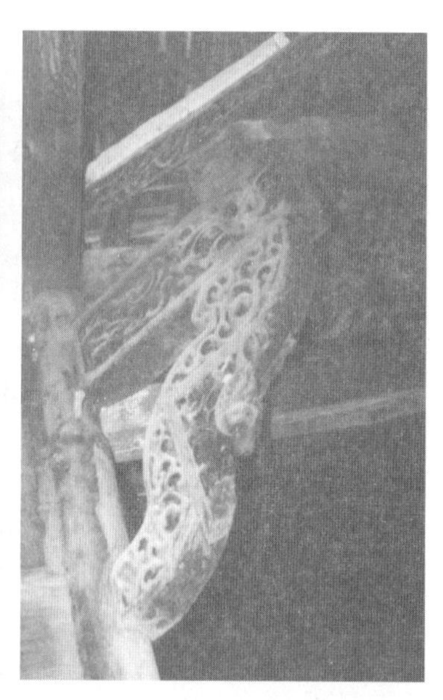

撑拱

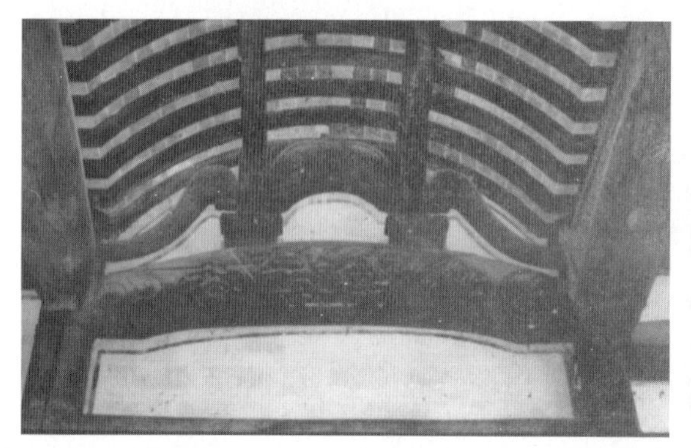

天棚梁架

柱础石雕

## 查济七星屋

入口大门

天井

去家塾的东侧小巷

从家塾门前看东侧小巷

八字大门

屋顶

门铺首

厅堂梁架

木窗

家塾梁架

月梁雀替

砖雕

## 查济德公厅屋

扁担巷

入口门楼

门楼内立面

门楼砖雕

砖雕细部

后厢房现状

左厢房天井

旗杆石

左厢房

厅屋梁架

月梁、雀替、坐斗

雀替与丁头拱

竹笆泥墙

窗格

木板壁

雀替

## 乡情村景

踏歌古岸

文昌阁

万村老街

桃花潭

太平湖

茂林尚友堂

云岭老街

逶迤的沿河路

章渡吊脚楼

红楼桥晚照

如松塔晨曦

## （四）建筑速写

建筑速写是对所见建筑和生活场景快速又形象的记录。它是捕捉资料的有力工具；也是建筑师对建筑抒发情感的有效方式。

皖南泾县
写洪公祠倒影

古老的长满青草的石墙凹凸不平
的石板路无不散发出淳朴的生命气息
歷史遗留的石雕斑驳的风火墙告
诉我们残缺
也是一种美
2000.11.

富春饭店厨房外一角
一九九九、十一、十

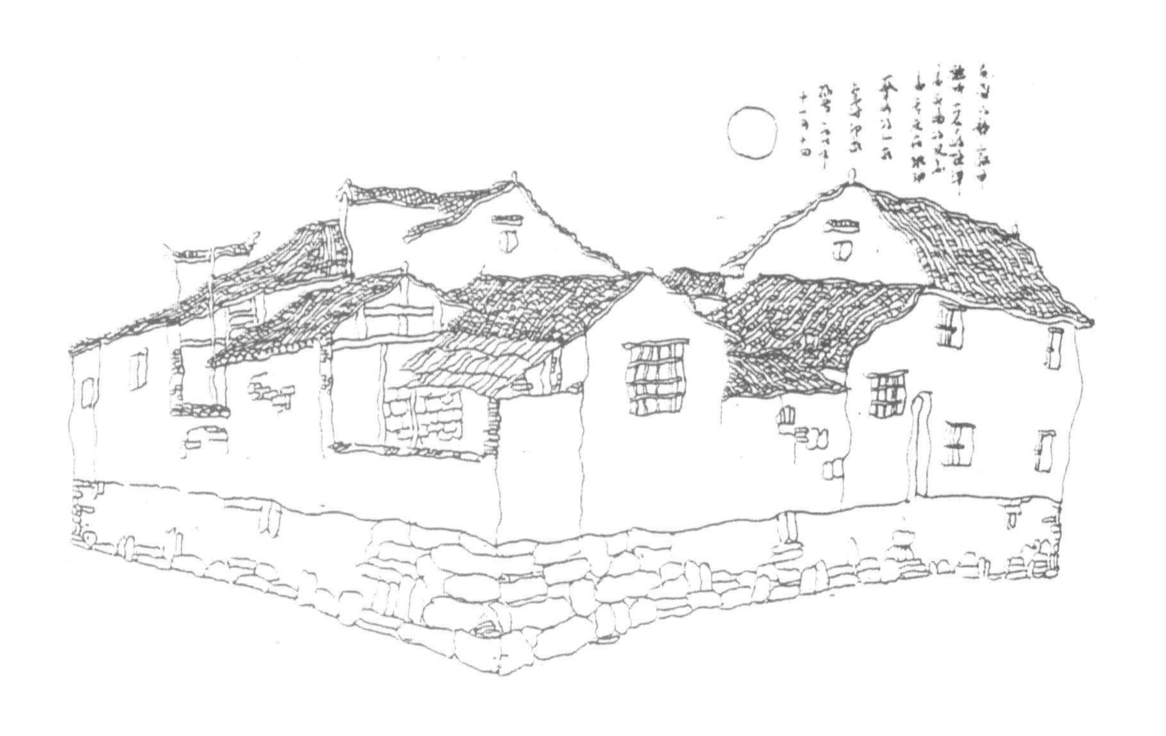

残破美
2007.11.9

大塲
九九年十一月十八日

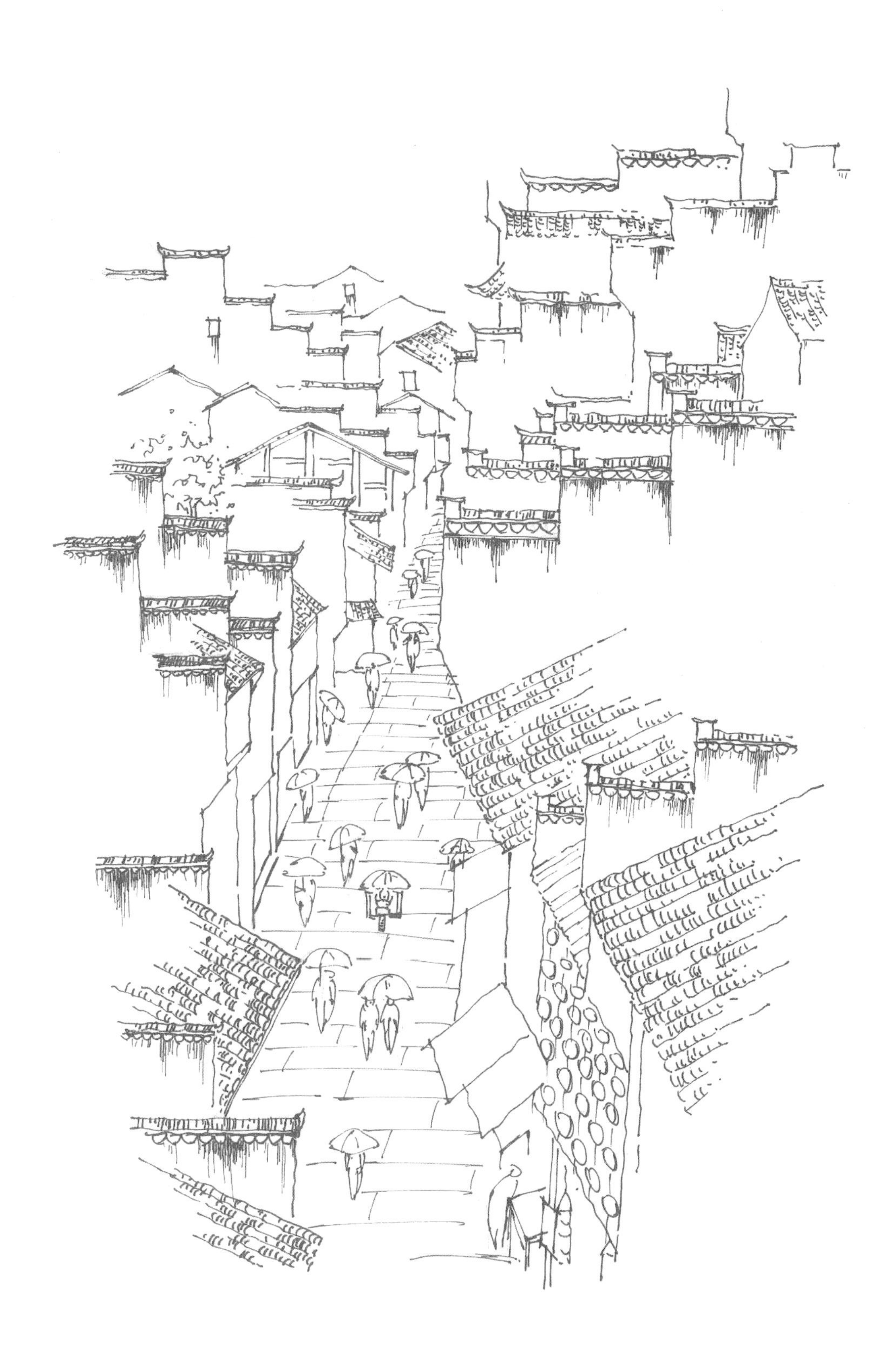

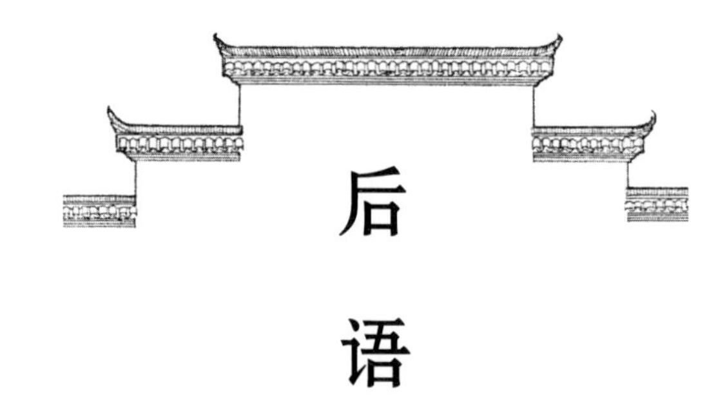

# 后语

“古建测绘”实习，是“中建史”教学中不可缺少的重要环节。由于师资等多种原因，我校开办建筑系以后，曾中途停止，因此在教学上造成了许多看不见的损失和缺憾。1996年重新恢复了“中建史”教学中的“古建测绘”实习环节，并逐年深化，制定了《古建测绘实习大纲》，规定了实习的具体任务和要求，并建立了牢固的实习基地，使“古建测绘”实习开始制度化和规范化。

这本教材将1996年以来“古建测绘”实习教学的目的、任务和方法总结成册，详细记录了中建史实习教学中“教书育人”的全过程，便于实习师生在实习过程中的具体操作和运用。

这本《古建测绘实习教材》图文并茂、具体生动，是我校师生在教与学的过程中辛勤劳动的结晶。在此向历届参与“古建测绘”实习教学的师生表示最诚挚的谢意。因当时测绘的工具和水平有限，难免有不妥和疏漏之处，请师生和读者多多批评指正，以改进我们的教学方法，不断提升我们的教学质量和成效，让实习教学进一步走上制度化和规范化的轨道。

编者于2020年8月

# 优秀课程设计作业

课程设计作业依托古建测绘的实践选题，现场基础资料翔实，反映了寓教于研、研中有教，设计出的作品地域性强、特色鲜明、富有竞争力。

17 级建筑学　黄棋越　“回”韵——小型徽文化美术馆设计

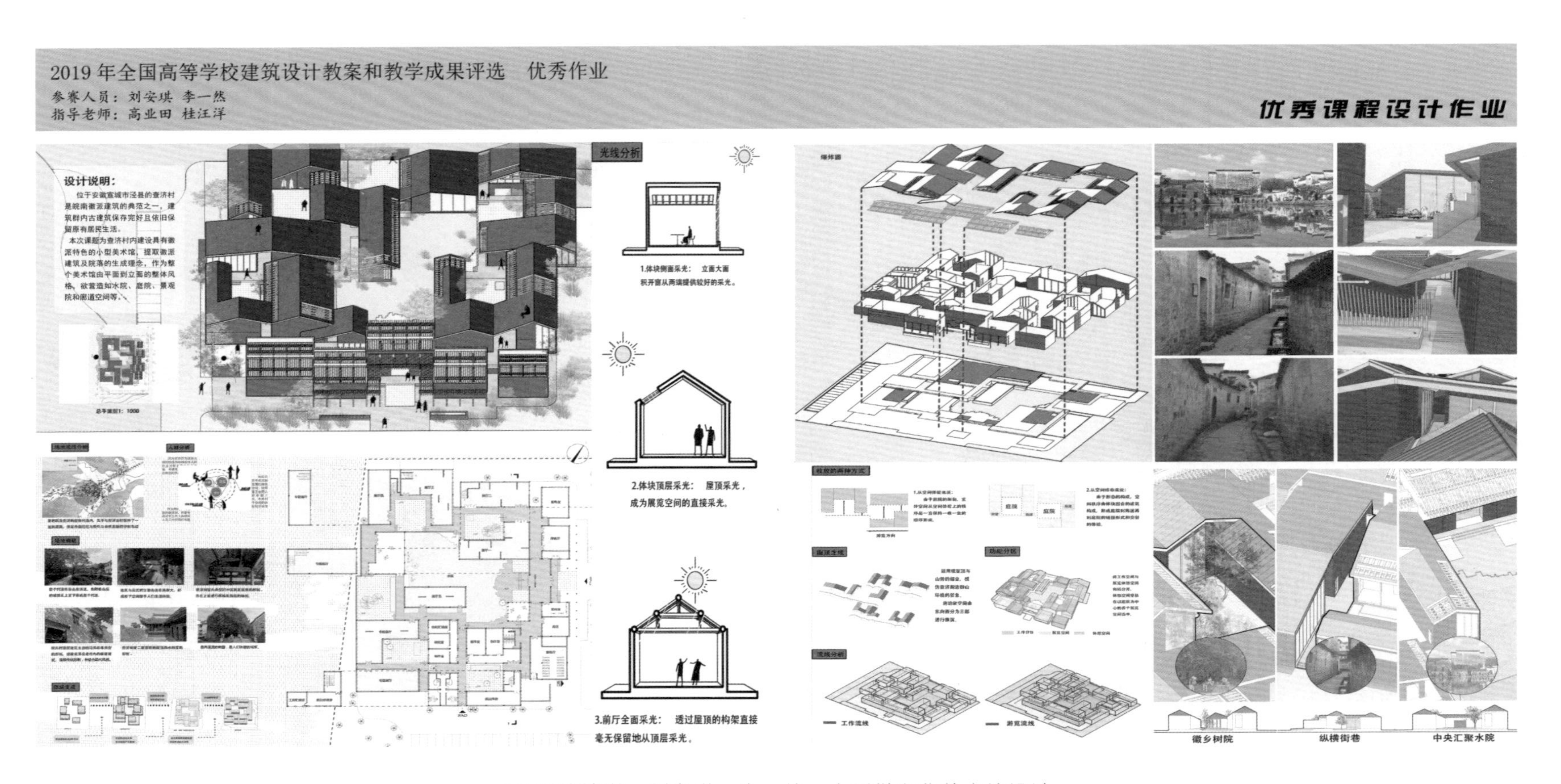


17 级建筑学　刘安琪、李一然　小型徽文化美术馆设计

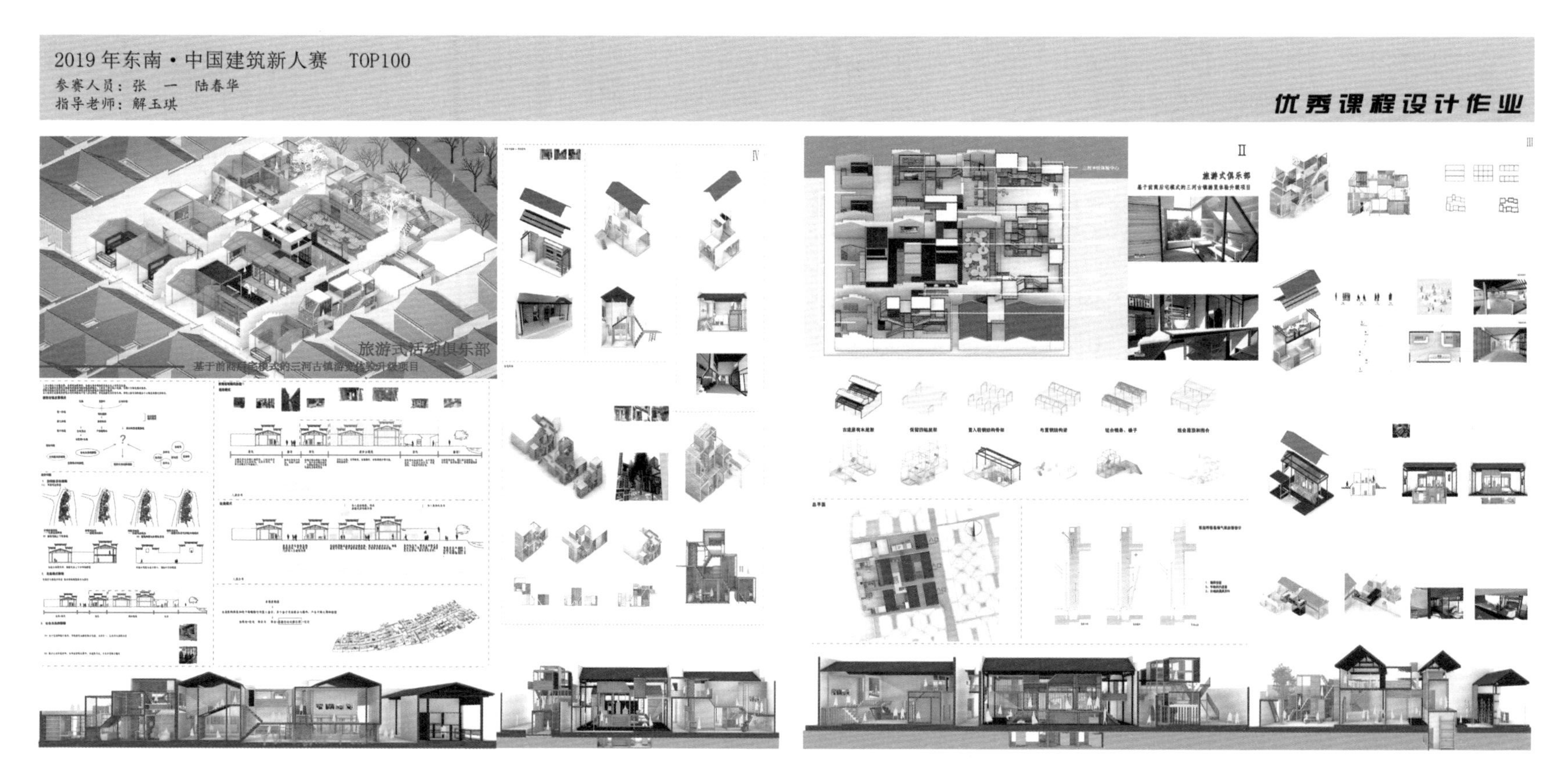

2019年东南·中国建筑新人赛　TOP100
参赛人员：张　一　陆春华
指导老师：解玉琪
优秀课程设计作业
旅游式活动俱乐部
基于前商后宅模式的三河古镇游览体验升级项目


16级建筑学　张一、陆春华　基于前商后宅模式的三河古镇游览体验升级项目——旅游式活动俱乐部

14 级建筑学　郭树志　屯溪老街改扩建设计——闲庭

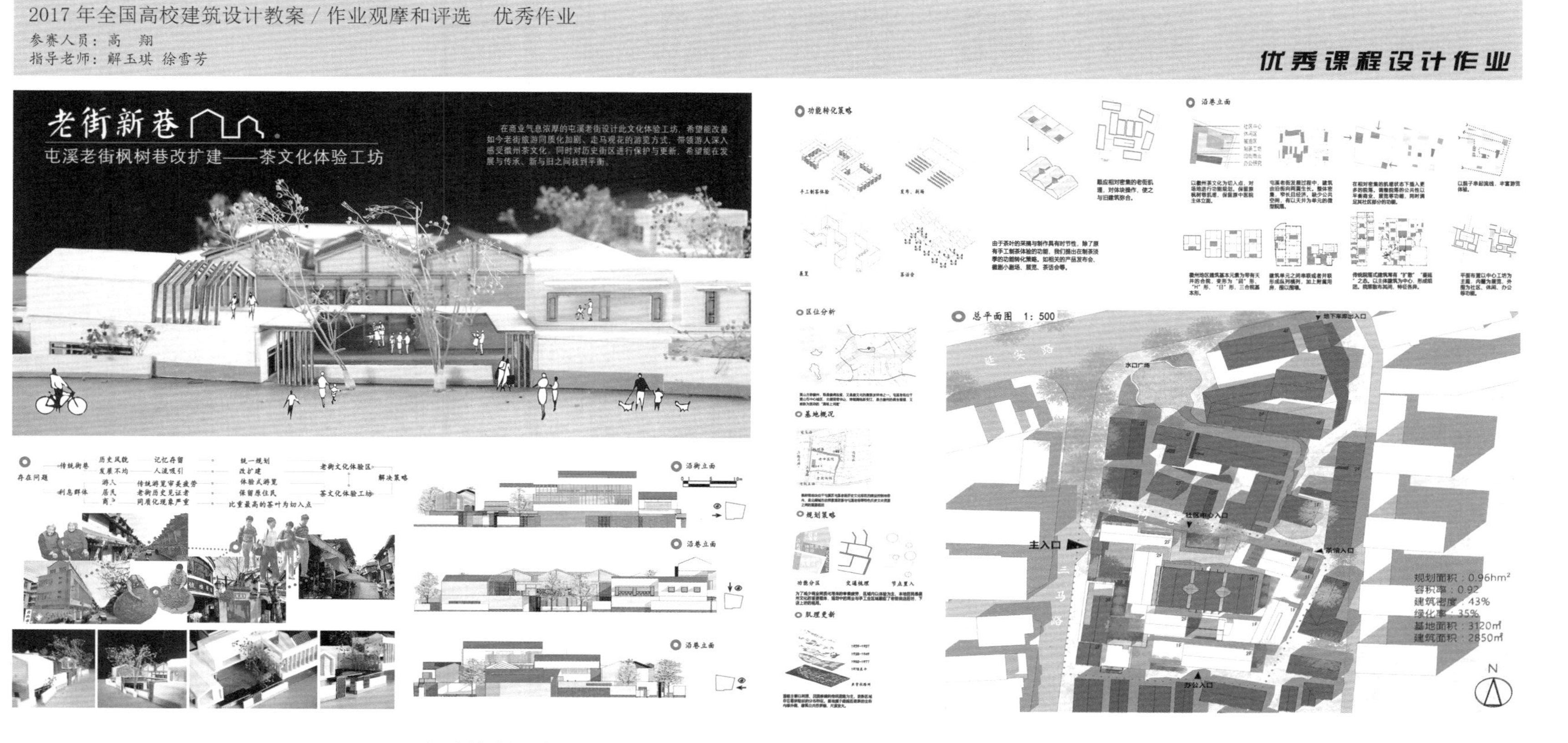


14 级建筑学　高翔　老街新巷 屯溪老街枫树巷改扩建——茶文化体验工坊

2017 年全国高校建筑设计教案 / 作业观摩和评选　优秀作业

参赛人员：姚　尧
指导老师：徐雪芳　解玉琪

**优秀课程设计作业**

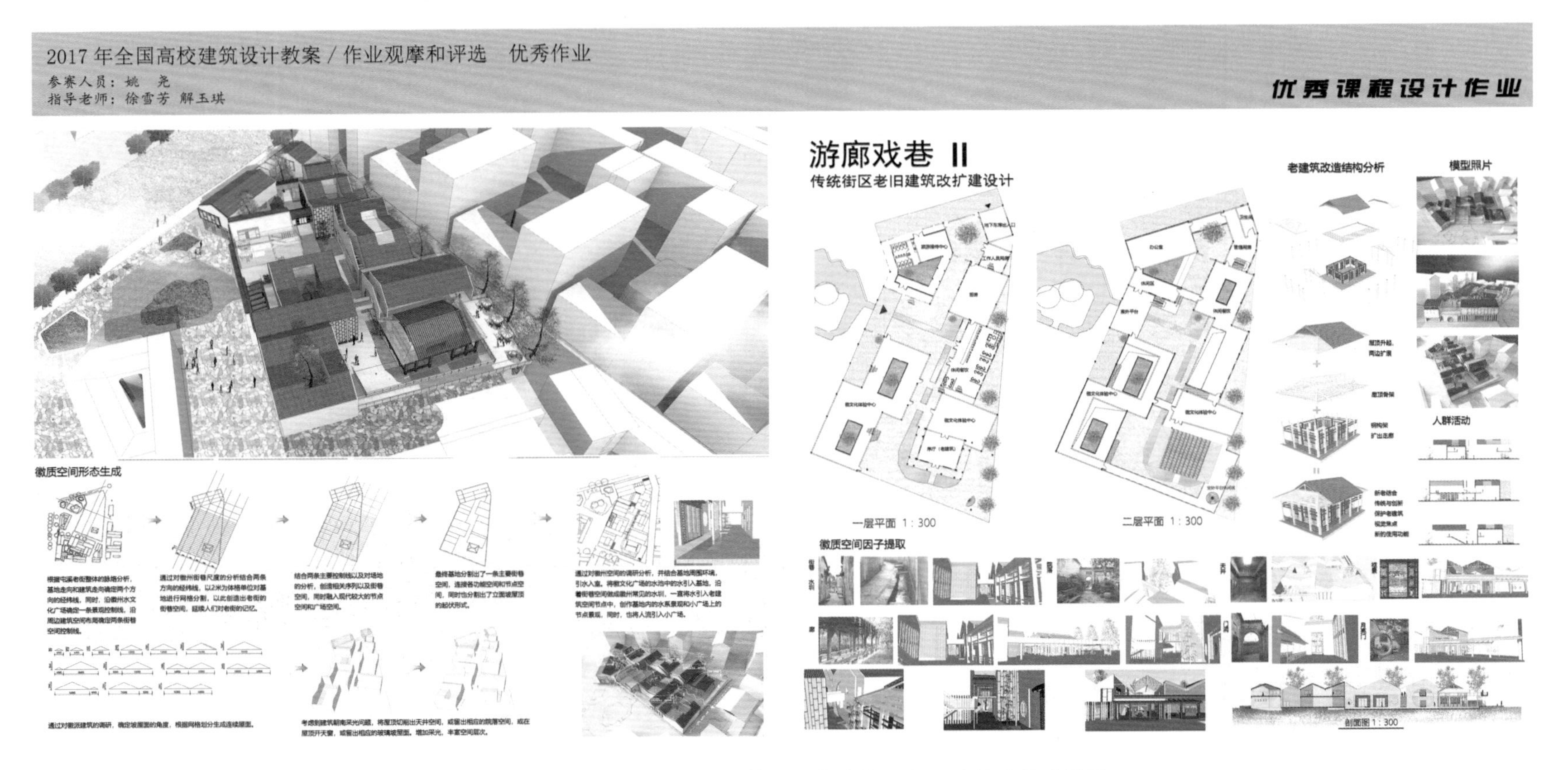


14 级建筑学　姚尧　游廊戏巷——传统街区老旧建筑改扩建设计

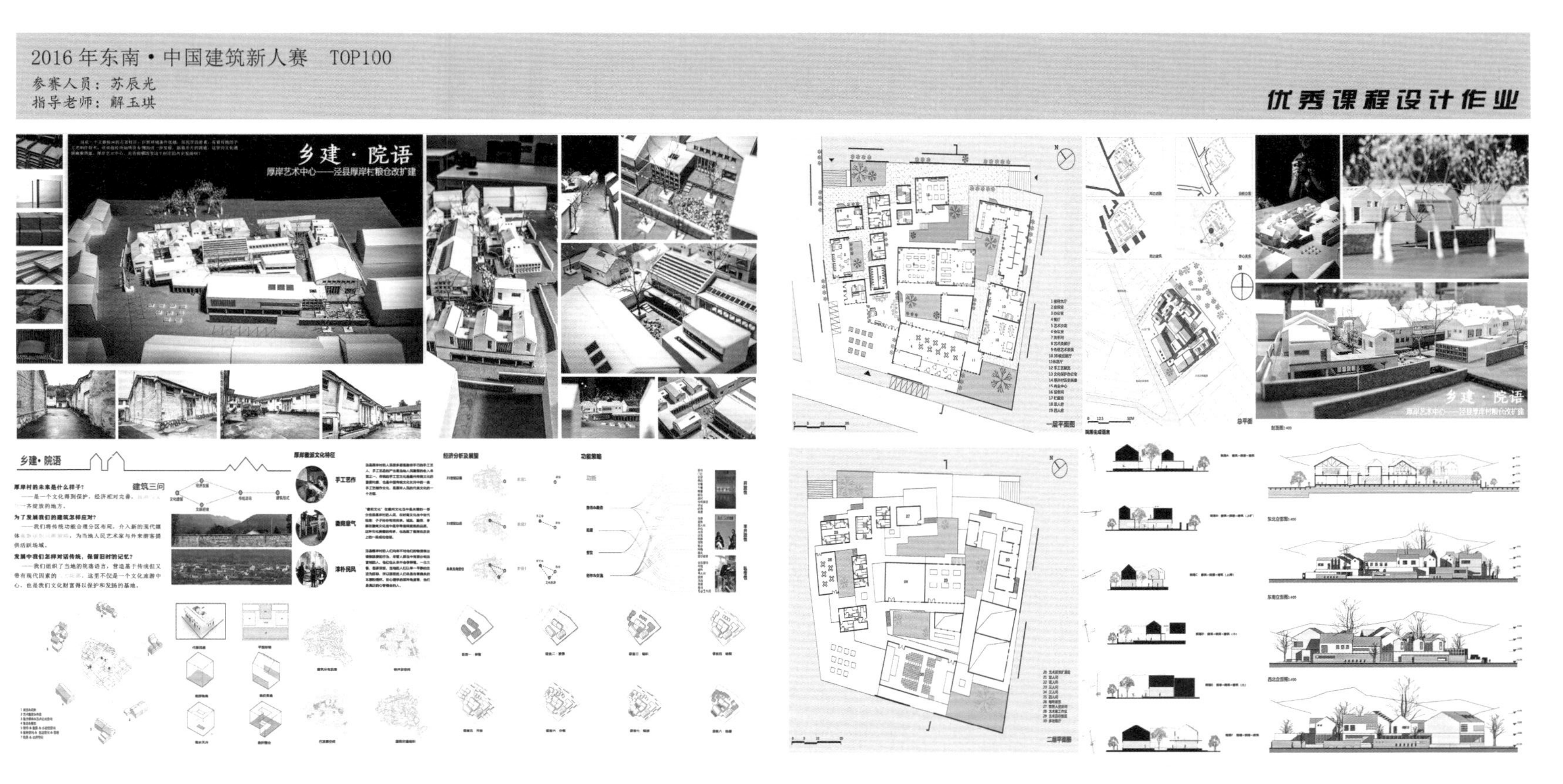


13 级建筑学　苏辰光　乡建 · 院语 厚岸艺术中心——泾县厚岸村粮仓改扩建

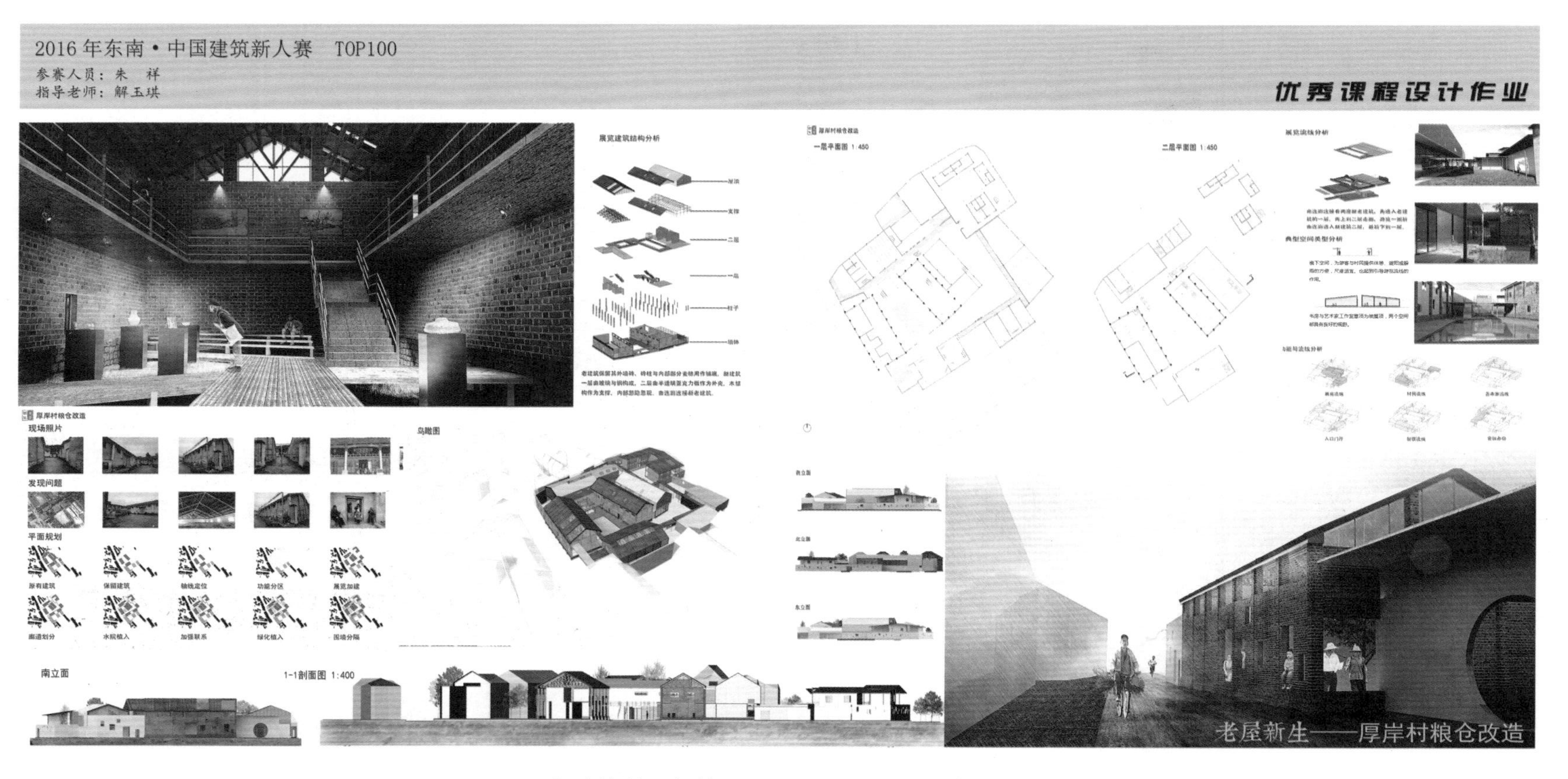


13级建筑学 朱祥 老屋新生——厚岸村粮仓改造

12 级建筑学　卢正　消解在宏村——宏村美术馆设计

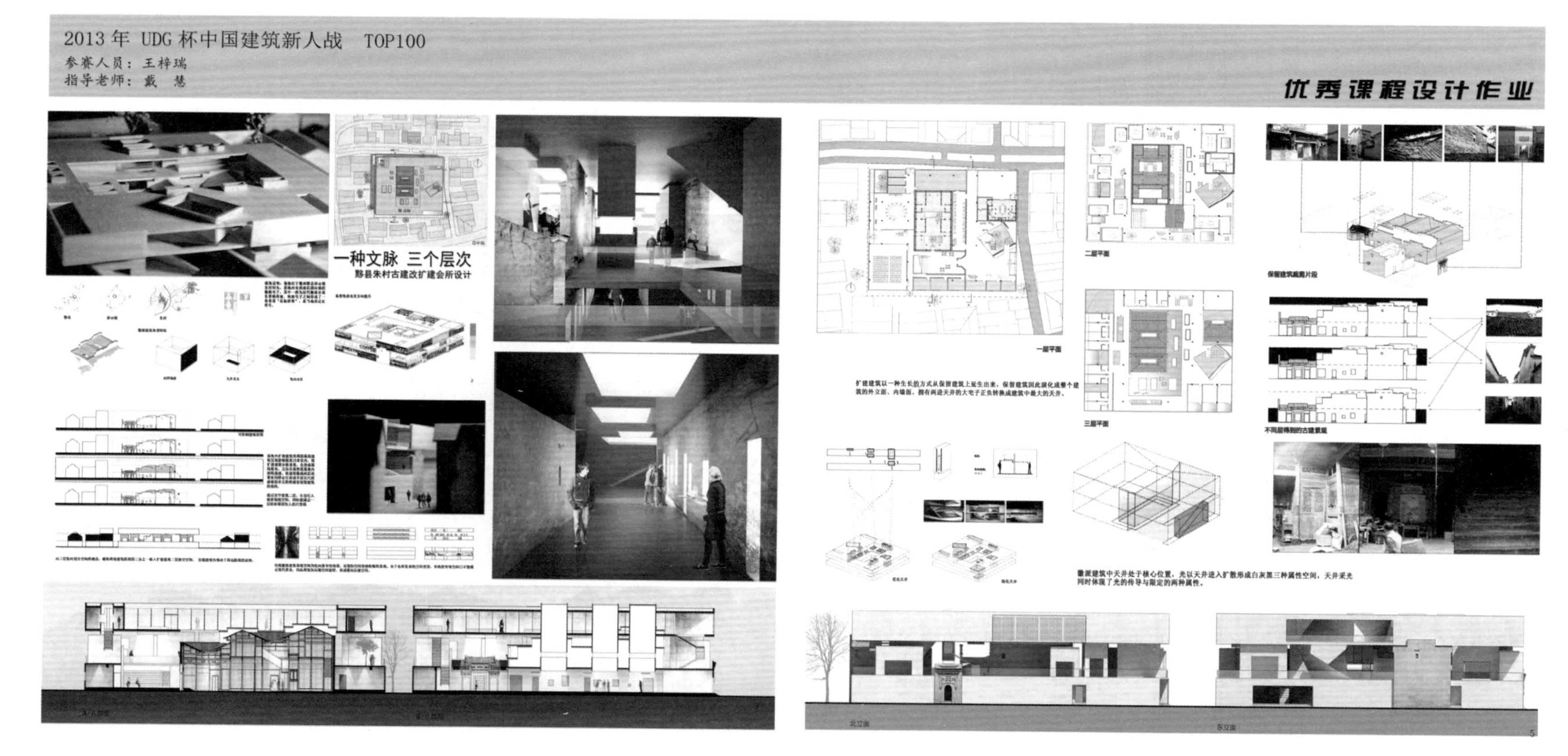


10 级建筑学　王梓瑞　一种文脉 三个层次——黟县朱村古建改扩建会所设计（1）

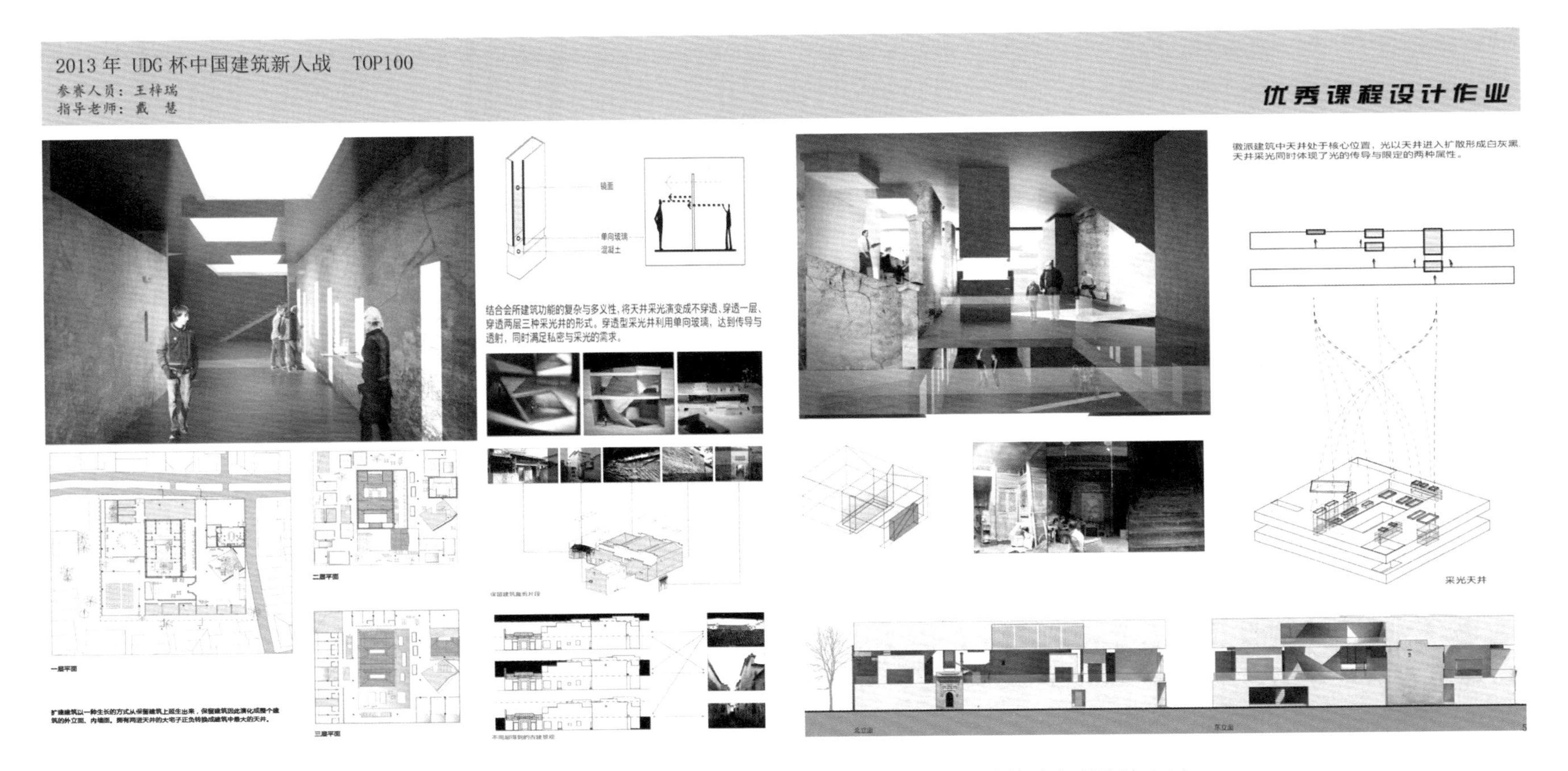


10级建筑学　王梓瑞　一种文脉 三个层次——黟县朱村古建改扩建会所设计（2）

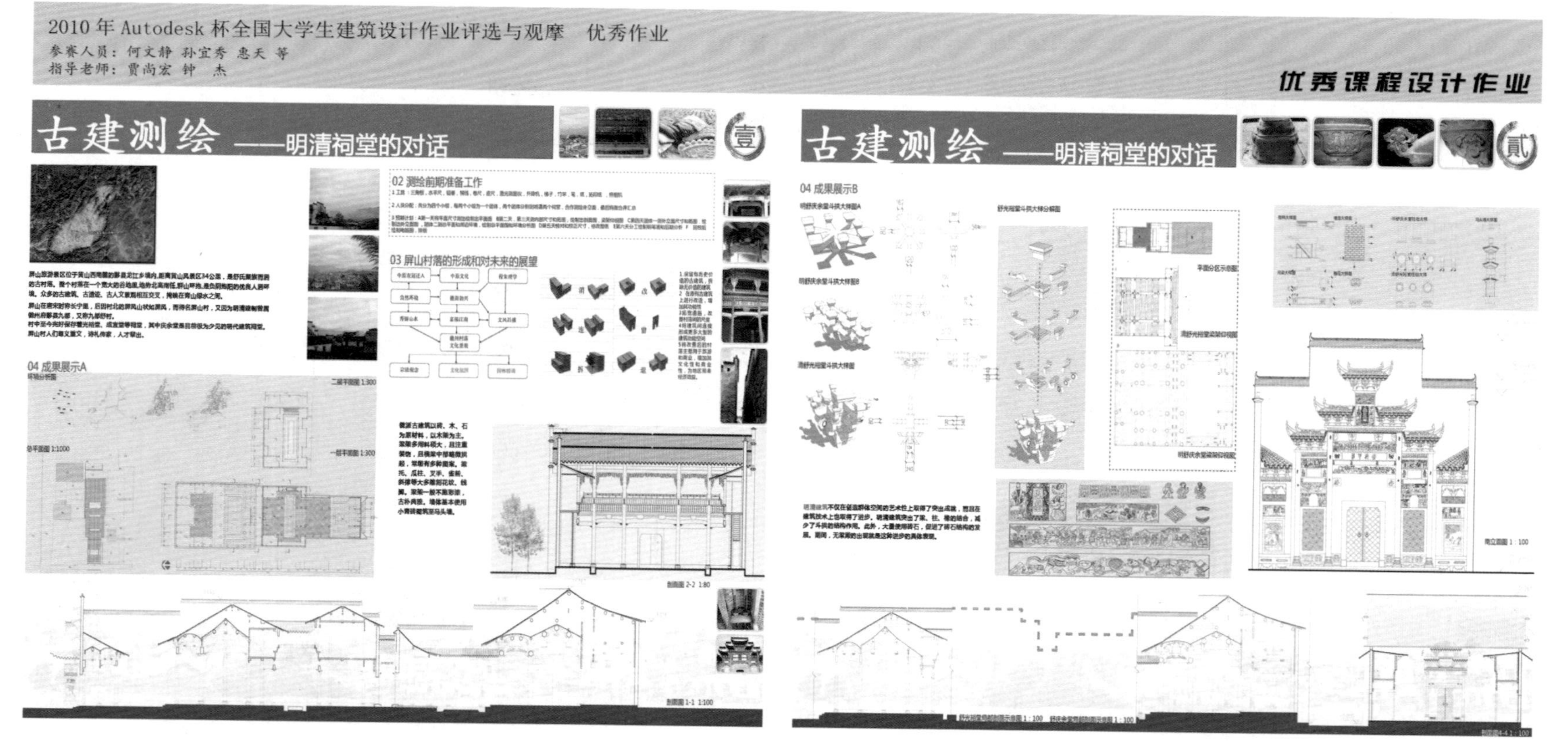


07 级建筑学　何文静、孙宜秀、惠天，等　古建测绘——明清祠堂的对话

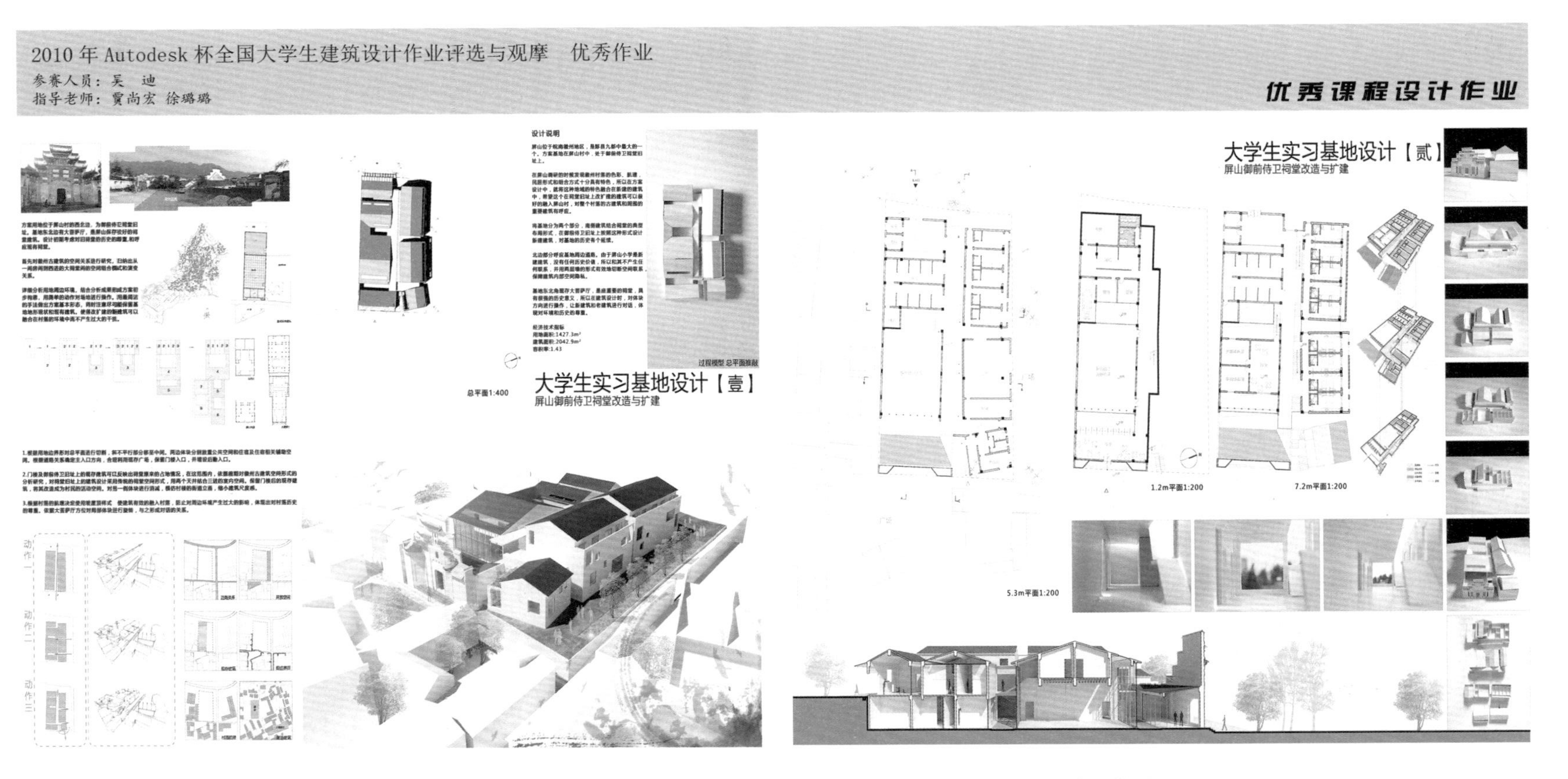


07级建筑学　吴迪　大学生实习基地设计——屏山御前侍卫祠堂改造与扩建

# 2009 年 Autodesk 杯全国大学生建筑设计作业评选与观摩　优秀作业

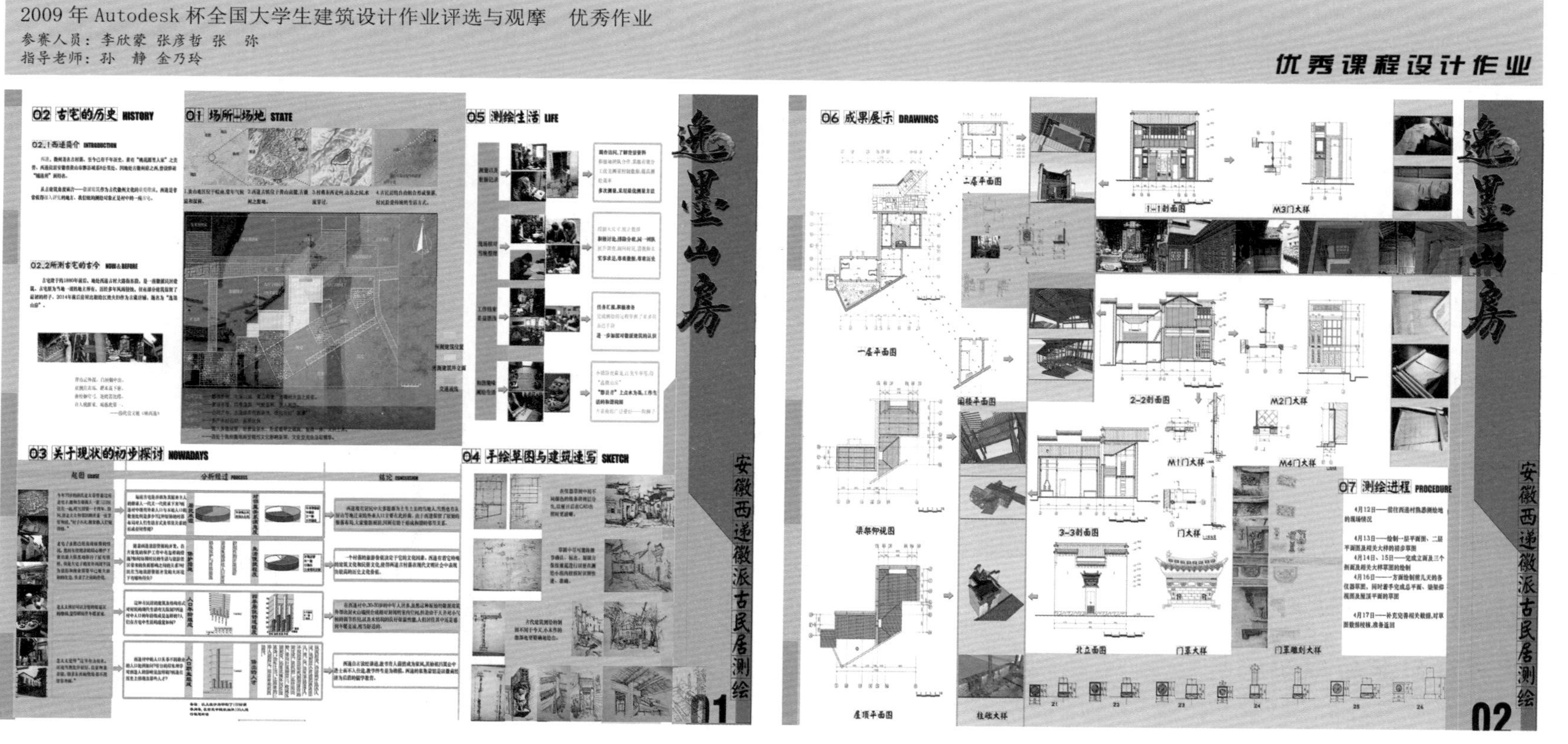


06 级建筑学　李欣蒙、张彦哲、张弥　逸墨山房

2009 年 Autodesk 杯全国大学生建筑设计作业评选与观摩　优秀作业

参赛人员：任　翔　何春林

指导老师：吴运法　左光之　金乃玲

**优秀课程设计作业**

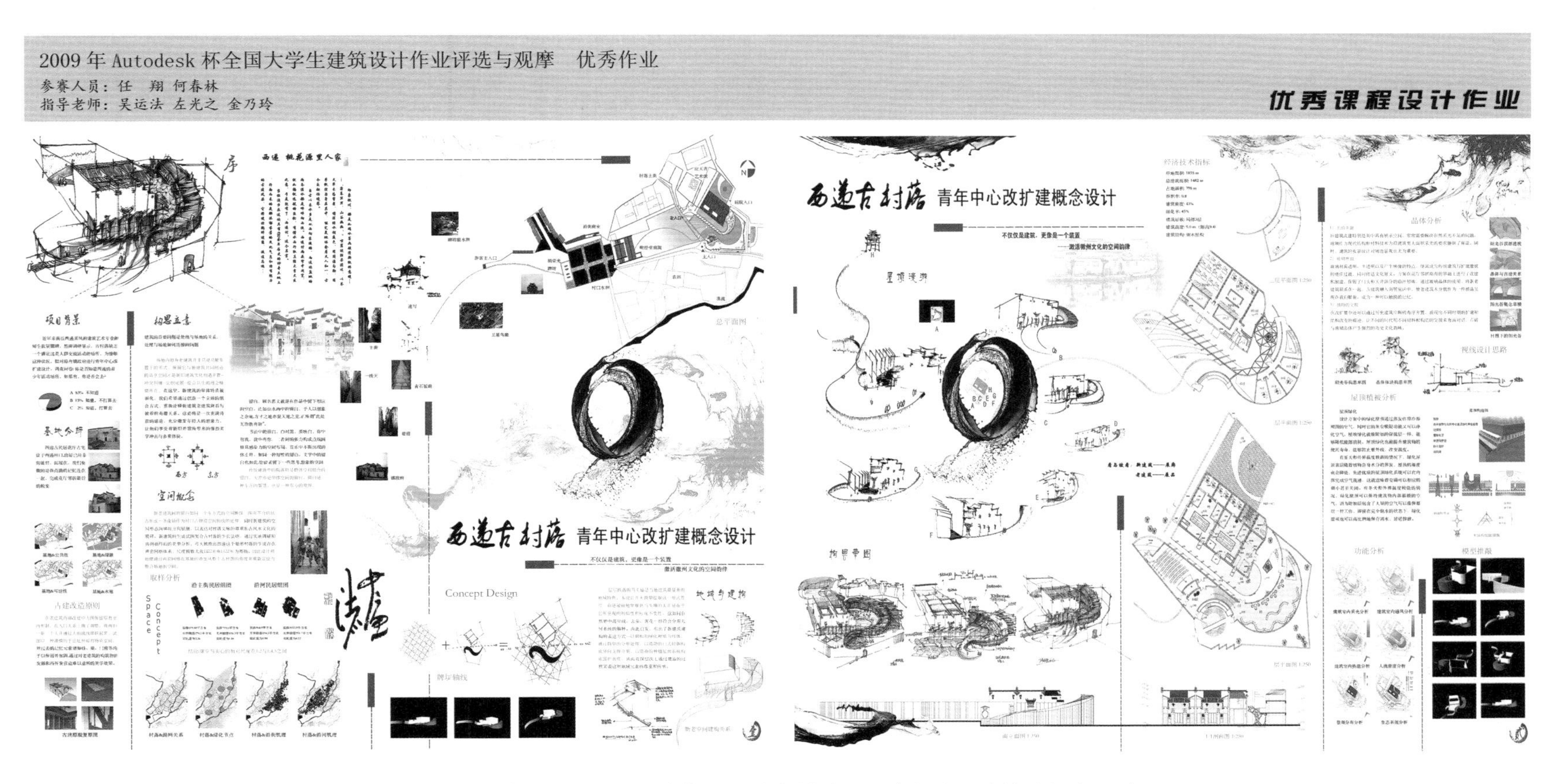


06 级建筑学　任翔、何春林　西递古村落——青年中心改扩建概念设计

2009 年大学生建筑设计作业观摩和评选　优秀作业

参赛人员：杜　彬

指导老师：王　薇　风元利

**优秀课程设计作业**

06 级建筑学　杜彬　徽州基因